猫叔
漫话葡萄酒

猫叔 / 编著
草木虫 / 插图

上海交通大学出版社
SHANGHAI JIAO TONG UNIVERSITY PRESS

内容提要

本书普及了酿酒葡萄的特点、世界著名葡萄酒产区及其酒品特点，也介绍了品鉴葡萄酒、选酒配餐的技巧。以猫叔和老鼠为主角的原创手绘插画创作风格鲜明，对话部分风趣、活泼，贴士部分专业、准确。本书通俗性与专业性兼具，可为热爱葡萄酒文化的读者提供参考。

图书在版编目（CIP）数据

猫叔漫话葡萄酒 / 猫叔编著 . —上海：上海交通
大学出版社，2021
ISBN 978－7－313－23518－3

Ⅰ.①猫… Ⅱ.①猫… Ⅲ.①葡萄酒－酿酒－普及读
物 Ⅳ.①TS262.61－49

中国版本图书馆CIP数据核字（2020）第128775号

猫叔漫话葡萄酒
MAOSHU MANHUA PUTAOJIU

编　　著：猫　叔
出版发行：上海交通大学出版社　　　　地　　址：上海市番禺路951号
邮政编码：200030　　　　　　　　　　电　　话：021-64071208
印　　制：上海新艺印刷有限公司　　　经　　销：全国新华书店
开　　本：880mm×1230mm　1/32　　印　　张：5.125
字　　数：102千字
版　　次：2021年1月第1版　　　　　　印　　次：2021年1月第1次印刷
书　　号：ISBN　978-7-313-23518-3
定　　价：48.00元

目 录

第1章　开篇

第2章　常识篇

1. 葡萄酒的酿造是从何时开始的？ 12

2. 葡萄酒装瓶的由来 18

3. 关于醒酒的真实故事 23

4. 据说这种喝法叫"失身"酒？ 29

5. 一箱99元的葡萄酒能喝不？ 34

6. 葡萄酒越老越值钱？你上当了 40

第3章　游历篇

1. 波尔多与1855......48

2. 木桐与1924......53

3. 拉菲为什么这么贵？......59

4. 里奥哈的火车站......65

5. 托斯卡纳的阳光......73

6. 摩泽尔河畔的斜坡......81

7. 冒泡的都叫香槟？......89

8. 南非好望角......96

9. 世纪品酒会——巴黎评判......102

10. 一号作品的诞生......108

11. 安第斯山脉的奇迹......116

12. 奔富成功的秘密......122

13. 一位工程师酿出的世界珍酿......130

14. 澳大利亚最牛黑比诺,不接受反驳......135

第4章　实践篇

1. 盲品葡萄酒......142

2. 点酒有学问......149

3. 一口闷出葡萄酒价格......155

第 1 章

开　篇

猫叔：葡萄酒
资深爱好者，
生活经历丰富。

Tony：葡萄酒小白，
对生活充满着好奇。

2

中国"魔都"的一处酒窖

猫叔，看你架子上
有好多瓶子，长得
超好看，啥东西啊？

我给你个东西
开一下。

哟，还有专业
工具啊！

哇！这什么啊，
不是油啊……

通俗来说，
就是用葡萄
酿造的酒。

就是水果摊上卖的
那种葡萄吗？

没人告诉你
这是油啊。

这什么味啊，
有点酸，还有点涩！

这叫葡萄酒！

不不不，那是食用葡萄，
酿酒有专门酿酒用的葡萄。

啥是葡萄酒？

什么是酿造？

那葡萄吃起来不是这个味啊，
我偷吃过。

简单来说，
就是葡萄汁+酵母=
酒精+二氧化碳+热量。

所以这是酿造
的魅力啊！

什么是酿造？

还是化学方程式啊，
那酿造的时候加水吗？

好像有很多味道,
但我说不上来。
(开始有愉悦的表情)

有点好喝……

所以这瓶酒都是
葡萄汁变来的?
这么神奇?

水不会加,
通常会加微量
二氧化硫来抗氧化,
某些产区可以
适量加糖加酸。

还有点晕吧?

神奇的东西
还多着呢……尝到
啥味儿没有?

嗯,
不错,下回你
记得架子上把锁!

呃?!

① 酵母：一种自然界本就存在的真菌，会通过复杂的化学反应将糖分转化成酒精和二氧化碳，并产生许多香气物质，发酵的过程会产生热量。

② 抗氧化：酿造前，对于葡萄果实而言抗氧化可以有许多途径，包括以低温环境储存运输，干冰填充等方式都能防止葡萄与氧气的接触。在酿造过程中，不锈钢低温发酵也是抗氧化的有效方式之一。在酿造结束后，葡萄酒由于酒精度较低，与微量氧气接触就会发生氧化反应，因此许多酒庄都会添加微量的二氧化硫来进行保护，但二氧化硫的添加量必须符合严格的法律规定以保证对人体无害。

 猫叔有话说

食用葡萄于酿酒业而言中看不中用

食用葡萄与酿酒葡萄同属欧亚葡萄种，但因颗粒大，水分多，糖分和酚类物质不够浓郁，因此达不到酿造葡萄酒的标准，究其原因有三。

第一，皮太薄，肉太多，果粒太大。果皮含有单宁和酚类物质，前者会为酒提供架构和质感，帮助稳定酒色并防止氧化，后者会带来香气和风味,皮薄的葡萄自然会在这两方面都有所欠缺。就红葡萄而言,食用葡萄果肉相对果皮的比例太高,用其酿制的葡萄酒口感不够浓郁,喝来便会寡淡无味。而皮厚、果粒较小的酿酒葡萄就会更适合酿酒,红葡萄之王赤霞珠(Cabernet Sauvignon)是小而精的代表。

第二,酸度低,糖分也不够。酸度是大多数高品质葡萄酒都应具有的特质,而食用葡萄酸度绝对不够。糖分相比酿酒葡萄也太低,如此就无法转化成足够的酒精,酒精可以使香气物质更快更多地被萃取,还能为酒提供酒体。

第三,生命力太旺盛,产量太高,喜欢肥沃土壤。有句话叫"浓缩是精华",怎么让葡萄风味浓郁? 当然是控制产量。如果葡萄品种生命力太旺盛,人为控制就要花费更多的成本。所以低产一些的酿酒葡萄品种更受酒农青睐,可以产出风味更加浓郁的葡萄,所酿造的葡萄酒的品质也会更高。

如何让开瓶有仪式感

首先,让你手中的酒达到预定的侍酒温度。红葡萄酒是15—18℃,口感轻盈的红酒是13℃;白葡萄酒是10—15℃,最佳温度是13℃;桃红葡萄酒是10—15℃;起泡酒是4—7℃。

其次,好马配个好鞍。略过不用费力的电动开瓶器,与普罗大众有距离的气泵偷酒神器,我们来谈谈"侍酒师之友","杠杆原理专家"——江湖人称海马刀的开瓶器(见图1-1)。

葡萄酒开瓶仪式流程如下:

图1-1 葡萄酒开瓶

a. 用干净的布或者纸巾擦拭酒瓶。

b. 用割纸刀沿着瓶口下沿切开瓶封。注意,虽然转瓶子看似更简单,但请转动你灵活的手腕。

c. 割纸刀向上切开并取下瓶封。

d. 再次擦拭瓶口。切记,大多锡制瓶口的切线都较毛糙,容易伤手。

e. 将海马刀螺旋钻插入软木塞近乎中心的位置。注意,微微倾斜插入随后直立螺旋钻会比较省时省力。

f. 慢慢旋转螺旋钻直到只剩约一环,避免螺旋钻穿透木塞导

9

致木屑掉进酒液中。

g. 先将一级卡位用左手压住瓶口,再用右手向上提拉海马刀的手柄直到无法再提升。

h. 换到二级卡位,重复上述动作。

i. 当软木塞即将被拔出时,停止提拉海马刀手柄,手须轻握木塞,轻轻将软木塞转动拔出。

第2章

常识篇

1. 葡萄酒的酿造是从何时开始的?

我觉得吧,
肯定跟国家历史有关系,
比如说大中华的白酒。

猫叔,
你说这个世界上这么多
不同的酒,
哪个历史最悠久啊?

因为历史悠久?

你觉得呢?

是啊,
你看先秦开始
就有酒池肉林的说法,
好几千年呢

纣王

但那个酒不是
现在的白酒啊。

那是什么酒?

米酒!
白酒是蒸馏酒,
而蒸馏技术是中世纪
由阿拉伯人发明的,
中国的烧酒直到
元朝才出现!

哦,那武松
三碗不过岗
喝的是米酒?

当然·他要是
三碗二锅头下去,
直接就睡岗上了。

那照你这么说,
米酒是最古老的?

不不,
人类摘野果子远比
种粮食的历史
来得长……

啥意思啊?

就是说,人类
用来酿酒的原料,
最早不是粮食。

那是啥?

葡萄啊。
葡萄不是人类种植出来的,
最早是野生的。

所以?

所以,人类
历史上
最早酿的酒
是葡萄酒!

What? 你确定?

相当确定。
人类早在10000年前
就开始酿造葡萄酒了。

10000年前?
祖先们都还
是"猴子"呢!
他们如何酿酒?

野葡萄被采来堆在
一起时间长了,
空气中的野生酵母菌
就开始发酵……
这就是最早的酿酒。

猫叔你这么
说有证据吗?

有图有真相 !
埃及十八代王朝时期
的纳黑特(Nakht)古墓中
就有这样的壁画,
距今7000年!

15

① 白酒：一般指用高粱等谷物为原料，经过蒸煮，然后以酒曲将谷物中的淀粉转化为糖，再发酵并蒸馏为酒精，最后进行勾兑而成的一种烈酒，起源于中国。白酒酒精度从28%—68%不等。酒精度51%以上称为高度白酒。白酒自元朝开始便成为中国传统的酒精饮品，其中被誉为八大名酒的分别是茅台、五粮液、剑南春、泸州老窖特曲、汾酒、西凤酒、董酒和古井贡酒。

② 米酒：指以小米、黄米或稻米等为原料，通过清洗、浸泡、蒸煮，然后用酒曲将稻米中的淀粉转化为糖，再发酵成酒精的酿造酒。

③ 蒸馏技术：利用酒精、风味物质和水沸点不同的原理，在加热过程中，将前两者与水进行分离的烈酒制造技术。

猫叔有话说

其实葡萄酒真正的发源地在格鲁吉亚

格鲁吉亚，这个多山的国家盛产葡萄酒，并以畜牧业出名。早在1965年，考古专家在该国马尔内乌利镇（Marneuli）发现了8 000多年前人工培育葡萄的化石以及酿酒器皿，比在古埃及十八代王朝墓穴中发现的葡萄酒壁画还早了1 000多年。另外，格鲁吉亚的语言文字中竟有300多个词汇用来表达葡萄酒，多达

25个词汇表达葡萄藤，40多个词汇表达酒具，可见葡萄酒在格鲁吉亚国民生活中的重要性。

从公元前6世纪开始，格鲁吉亚人就用陶罐容器来酿酒，这种酿造方式是格鲁吉亚漫长酿酒历史的见证。虽然这种酿酒方法看起来比较原始，但这种代表着传统文化的酿酒方式一直被延续至今，已然融入当地人的日常生活，也成为葡萄酒世界一颗古老的明珠，并且还在影响着世界上许多有才华的酿酒师。蛋形陶罐发酵器、橙酒等概念都源于格鲁吉亚。

格鲁吉亚是世界上葡萄品种最多的国家，全世界葡萄品种共4 000种，格鲁吉亚就拥有525种。著名的红葡萄品种有晚红蜜（Saperavi）、塔夫克（Tavkveri），白葡萄品种有白羽（Rkatsiteli）、密卡胡里（Mtsvane Kakhuri）等。如此小的一个国家，却拥有10万多家酒庄（或作坊），葡萄园面积共5万公顷，葡萄酒出口至53个国家和地区。

2. 葡萄酒装瓶的由来

这个故事得从古罗马说起。

哟?

那时候民间没有玻璃瓶，都是用陶罐装酒。

答非所问!

在玻璃瓶发明并大量应用之前，这可是最好的容器。

那你赶紧说玻璃瓶的事儿!

17世纪初，玻璃瓶才成为老百姓能用的东西，但一直没有统一容量。

直到1821年，市场上700毫升、800毫升的各种瓶型都有，各种乱。

然后呢?

而750毫升刚刚
好装300瓶！
不浪费！

然后还得说
到橡木桶。

你能不能
爽快些？

这么巧！

而且，
1加仑刚好是6瓶的量，
所以一箱葡萄
酒按照6瓶来装。

50加仑的橡木桶
是最流行的。
50加仑相当于225升，
而流行的700毫升、800毫升酒瓶
都不能把一桶酒装完。

那不是有12瓶
一箱的吗？

so?

那就是两！加！仑！

① 橡木桶：用橡木制作的木桶，用以储存、熟化葡萄酒，一般有美国橡木和欧洲橡木两种主要原料，欧洲橡木中尤以法国橡木造价最为高昂。新的法国橡木桶可以给葡萄酒增添特殊的香草、烘烤和丁香等香料香气，风格比较精致细腻，而新的美国橡木桶可以赋予葡萄酒椰子、可可和香草等风味，倾向于表现粗犷绵密的口感。

② 玻璃瓶：是目前最受欢迎的葡萄酒罐装容器，其抗氧化效果显著。

 猫叔有话说

玻璃瓶封装的好处

大家可能知道，玻璃瓶装可乐口感会比易拉罐好。不过我们这里讨论葡萄酒为何大多选择玻璃瓶盛装，而不是其他容器，例如陶罐、塑料罐甚至纸盒。虽然历史上的玻璃瓶因为技术原因，可能存在有玻璃碴的情况，但随着技术进步，玻璃瓶的优点愈发凸显。

首先是玻璃瓶抗压性好，不容易变形，适合盛装葡萄酒这样环境敏感型液体。另外用来保存红葡萄酒的深色玻璃还有防光照的作用。而且就经济效益上而言,玻璃瓶的回收成本也最低。

　　一般情况下,盛装葡萄酒的玻璃瓶为750毫升,但也有部分产区使用500毫升、700毫升以及1 500毫升等不同规格的玻璃瓶。此外,同为玻璃瓶,大瓶装的葡萄酒保存效果要好于普通瓶或小瓶装。大瓶装虽然容量增大,但瓶口却与普通瓶相差无几,因此,进入酒瓶的氧气就要面对翻倍容量的酒液,自然氧化速度减缓,使酒的花果香得以保留更长时间,酒的稳定性就更好,所以高端酒款的大瓶装向来是拍卖收藏界的宠儿。

3. 关于醒酒的真实故事

猫叔，看你喝酒
已经很久了，
一直有个
问题想问……

问嘛，
我对你一向很nice!

你真以为我吃不了你？
这叫醒酒！

哦，为啥一定
要醒酒呢？

呃……为啥你每次
开了酒要倒在杯子里晃
半天？是装酷吗？

这个好比
礼拜天你去约会，
一大早去叫你女朋友起床，
你一叫她就出洞了？

醒酒跟这一个道理！
一瓶酒开了，
等于把一个美女从睡梦中叫醒，
你不得给她时间洗漱打扮？

奋提了，
每次要在洞口
等她半天！
磨磨蹭蹭的，
想不通都在干嘛！

梳妆打扮呗！
你以为都跟你
一样早上起来
不洗脸？

哎呀！原来是
这个道理！
那是不是什么酒
都得醒啊？

你见过有美女
睡醒直接
蓬头垢面跑
出来见人的？

猫叔你想说明啥？

那是不是口感会大不相同？

你女朋友洗漱了就变嫦娥了？

那为何很少见你用醒酒器呀？

哈哈哈哈，就是就是！瞧着淑女了，一开口还是那个样儿！这……啥意思？

每次洗漱非得斋戒沐浴吗？碰上年轻劲壮的大酒才那样……一般的酒，杯醒足矣！

香气会有变化，但口感本质变化不大。

① 醒酒：是指将葡萄酒暴露在空气中，让氧气与其充分接触并发生微量氧化反应，以达到释放香气或者增加香气复杂性的目的。

② 口感：指在品鉴葡萄酒时，葡萄酒在口腔里的整体表现。比如含糖量、酸度、单宁、酒精感、酒体等各个方面。

③ 香气：葡萄酒的香气一般分为三类。第一类香气是植物、水果类及矿物类香气，可以理解为在种植过程中产生，葡萄本身具有的香气；第二类香气是工艺香气，指在酿造过程中发展出的香气，例如酒液与橡木桶或酒泥（死去的酵母）接触带来的香气；第三类香气主要是陈年香气，是指葡萄酒在陈年熟化的过程中所产生的香气。

④ 醒酒器：也称滗酒器，目的是增加酒与空气接触的面积。两者接触面越大，短时间内对酒的影响越明显。

⑤ 杯醒：指让酒在酒杯中慢慢与氧气接触的一种醒酒方式。用杯醒而非醒酒器，可以避免葡萄酒过快氧化，饮用者可以边品尝边醒酒，从而感受葡萄酒在不同阶段的细微变化。

猫叔有话说

醒酒与醒酒器

醒酒是指打开酒瓶后，让葡萄酒与空气接触，从而改善香气的一个过程。葡萄酒在几乎密闭(无氧)的酒瓶中储存一段时间以后,有可能发生还原反应,产生硫化氢和硫醇。如果酒中硫化氢和硫醇含量极少,可能被认为为葡萄酒带来了复杂性,但很多情况下会带来一股臭鸡蛋、大蒜、打火石、卷心菜等各种令人不悦的气味。当遇到这种情况时,最好的办法就是使用醒酒器或者在杯中摇晃的方式,利用空气流通带来的氧气让其发生氧化反应,从而去除那些气味。还有一种情况是利用醒酒的这段时间,让葡萄酒与空气中的氧气发生一些微氧化反应,让香气增加一些复杂度。另外,一些有陈年潜力的老年份葡萄酒有可能已经产生沉淀,为了不影响视觉,需要通过醒酒的过程将沉淀去除。但醒酒的过程并不能明显改变葡萄酒的酸度、质地、酒体等口感。

然而,并不是所有的酒都适合醒酒。大多数适合及时饮用的葡萄酒不需要醒酒,因为葡萄酒在瓶中无氧的环境中储存的时间不长,不会产生还原反应,短时间的氧化不能给葡萄酒增加任何复杂香气,也不会产生沉淀。一些高质量的老年份酒由于在瓶中的无氧环境已经储存较长时间,有可能产生还原反应,也极有可能产生沉淀,因此需要短时间醒酒。而若是高品质的年轻酒款,虽然有极佳的陈年潜力却在年轻时就已开瓶,沉淀和发生还原反应的可能性都较小,利用较长时间的醒酒使其与空气接触,会使得香气层次更丰富,从而增添饮用的愉悦感。还有一种特殊的情况是采用螺旋盖封瓶的葡萄酒,由于密闭的程度更高,产生还原反应的概率也就更高,因而一般都需要醒酒。

　　醒酒器有许多种，但建议尽量选择与空气接触面比较大而且透明的类型，一般采用的为标准宽肚型。因为使用醒酒器的目的无非就是两个，一是加大空气接触面积，增加氧化效果；二是去除酒瓶底部的沉淀物。然而，许多年份较老的酒很可能比较脆弱，不宜和空气短期内大范围接触，只需要拔出橡木塞让它缓慢地氧化，可以使葡萄酒风味更加细腻优雅，也减少快速氧化带来的腐坏风险。

4.据说这种喝法叫"失身"酒?

就这样？ so easy?

我就是好奇，
这到底咋回事啊？

这个其实不新鲜，
被过度解读了。
只是说这种喝法比较容易醉，
有些猝不及防而已。

就这么简单。
因为甜美的口感让人
放松对酒精的警惕，
但此时酒精已进入了
肠胃里，开始被吸收。

这么神奇？！
怎么个喝法啊？
我很好学的！

这我懂呀，
通过肠胃吸收然后
进入血液循环。
但每次喝到有点晕
停下来不就好了？

其实并没有严格的标准。
一般来说是先喝果味丰富的酒，
后面再喝起泡酒……

对，问题就在这儿。
喝到微醺停下来就没事了。
但喝起泡酒就不一样了。

何解？

如果这时候喝进起泡酒，
比如香槟，
大量而持久的气泡就
如同是酒精加速器，
会迅速将酒精
推向胃肠壁被吸收。

会猝不及防？

对啊，人的神经系统
来不及反应，
大量的酒精瞬间会麻痹
中枢神经。

哦……懂了！
那喝完白酒再喝啤酒
容易醉，一个道理？

聪明！但啤酒效果远
不如起泡酒好。

所以，甜美可口
的酒加起泡酒……
懂了！我得去
告诉我家妹子！

喂……

31

① 果味：葡萄酒中的第一类香气，以果味、花香及植物类香气为主。果味丰富也常用来形容层次不复杂、简单易饮的年轻葡萄酒。

② 起泡酒：指酒液中含有气泡的葡萄酒，是一种特殊口感的葡萄酒。酿造方法有瓶中二次发酵法、转移法、罐中发酵法等，目的都是避免二氧化碳流失。典型代表为法国的香槟（Champagne）、西班牙的卡瓦（Cava）、意大利的普罗塞克（Prosecco）等。

③ 香槟：法国著名起泡酒，与产区同名。香槟所采用的酿造方法为比较复杂的瓶中二次发酵法，也被称为传统法，以手法繁复、陈年时间长而闻名。香槟一般具有酸度高、香气复杂浓郁等特点。

 猫叔有话说

健康饮酒指标

饮酒一直以来是个颇具争议性的话题。一方面是饮酒给人们带来的愉悦体验，并在食物搭配中带来美感与享受，另一方面就是饮酒带来的健康隐患。

从正面角度来说，除了增加食物美感、放松精神等，适量饮用葡萄酒也会起到促进血液循环、降低血液黏稠度等作用。但葡萄酒美容养颜纯属无稽之谈,没有科学依据。

　　代谢酒精的肝脏机能也因人而异,受到基因、个人健康、年龄甚至性别等因素的影响。根据英国权威的健康饮酒组织（Drinkaware）和英国国家医疗服务体系（National Health Service,简称NHS）机构数据,无论男女每周的酒精摄入量建议不要超过14个单位（见图2-1）,且不要在1日内饮用而是分成至少3天或以上时间。

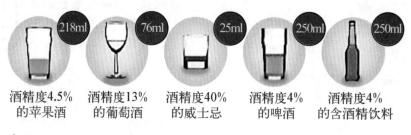

| 218ml | 76ml | 25ml | 250ml | 250ml |

酒精度4.5%的苹果酒　　酒精度13%的葡萄酒　　酒精度40%的威士忌　　酒精度4%的啤酒　　酒精度4%的含酒精饮料

每周饮酒量不要超过14个单位

图2-1　我们来看看1个单位量究竟有多少

　　因此,若想成为对自己和对别人都负责的饮酒者,最好还是适量饮酒,毕竟来日方长,不必图一时之快。

5. 一箱99元的葡萄酒能喝不?

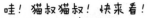

嗯，要么假酒，
要么是老板做慈善。
当然还有一种可能是
Vin de la Communauté Européenne。

好吃个鸡毛菜啊！
袋子上还好意思写着高级大米！

这是啥东西？

……啊，我好像有点懂了！

这是欧盟餐酒，
出厂价在1欧元左右，
加上运杂费、关税，
成本价可控制在13元人民币左右，
99元一箱理论上有可能。

好喝不？

这么跟你说啊，
产地标注越大，
葡萄来源越随意，
价格也就越便宜。
好不好喝自己想。

你觉得袋子
上就写产地日本的大米贵呢，
还是写着新潟县鱼沼产
的越光大米贵呢？

啥叫产地标注？

喔唷！明白了，
这年头干啥都
得有点专业精神啊！

① 波尔多（Bordeaux）：法国最著名的葡萄酒产区之一，位于法国西南部沿海，气候温和湿润，土壤类型多样，非常适合种植葡萄，是近代世界葡萄酒酿造技术的发源地之一，名庄林立包括拉菲（Château Lafite Rothschild）、拉图（Château Latour）、侯伯王（Château Haut-Brion）等酒庄都出产品质量超群的名酒。

② 假酒：一般有两种定义。一种是以水和酒精、酒石酸、单宁粉等化学物质勾兑而成的"葡萄酒"，属于工业仿制品，往往对身体有害。另一种是符合法律规定酿造的普通葡萄酒，但在酒标上做假，以次充好。

③ 欧盟餐酒：指酿酒葡萄可以来自欧洲各地，一般都产量大但质量低下，没有产地特色。

 猫叔有话说

进口葡萄酒如何定价？

我们以一支10美元成本的葡萄酒来举例说明，这瓶葡萄酒在中国的售价怎样才算合理？

第一步我们要计算中间流通环节的成本，细述一下葡萄酒从美国酒庄到中国进口商之间艰难的旅程。首先酒从工厂运出，就有一个工厂价(Ex Works, 简称EXW)。其次是离岸价(Free On Board, 简称FOB), 此价格包含了从酒庄到码头装船后的所有费用。然后是离岸价加上运费和保险(即 Cost, Insurance 和 Freight, 简称CIF价), 此价格在计算关税时会用到。最后是运费, 除非买家是富豪不在意代价, 一般会选择海运而非空运, 海运成本在每瓶人民币3元左右, 但在夏季, 为保险起见会采用恒温货柜, 这样每瓶酒的运输成本会增至8—10元。

第二步也是最关键的部分——关税。关税在这里是个统称, 不仅指关税本身, 还包括要缴付给海关的增值税和消费税。

为了便于比较, 我们假设一款酒FOB离岸价为每瓶人民币70元(10美元), 保险和海运费合并计算, 为每瓶8元, 此时成本就变为78元, 此为到岸价, 也就是中国海关计算税费的基准价。

他们的计算公式是

$$S = A \times 29\% + [(A+A \times 29\%)/(1-10\%) \times]16\% + [(A+A \times 29\%)/(1-10\%)] \times 10\%$$

虽然公式有点眼花缭乱, 但我们只需要了解几个关键要素。

一是关税。关税正常值是14%, 因为某些原因会有上下浮动, 有可能飙升到29%, 78 × 29% = 22.62元。

二是计税价格, 就是以这个价格来计算增值税和消费税, (78+关税) / (1-10%) = 111.8元。

三是增值税, 计税价格 × 16% = 17.89元。

最后是消费税, 计税价格 × 10% = 11.18元。

于是所有税费加起来，差不多在51.69元。至此，一瓶成本为10美元的葡萄酒，进口商已付出了大约121.69元。

第三步是国内保税区的各种报关行代理费、仓储费以及各种运费。这部分取决于所选择的服务方式，每瓶按照人民币5元来计算比较稳妥，当然额外的一些服务肯定也会加码。所以为这瓶酒进口商至少要付出每瓶126.69元，约合18美元，比FOB价格翻了近1倍。

最后就是没有标准答案的论述部分了。各种物流、仓储，各级经销商的中间差价，各级大小城市的商业房产成本，即租金、水电等，各种人员调配成本，各种运输仓储中出造成的损失，银行贷款的利息，员工的工资和各种依法交金等全部都会累加在这个价格里。最终，这瓶酒的终端零售价格会以134.69元作为计算基准。

葡萄酒售价的可变因素如此众多，可充分发挥想象，大开脑洞，并且尽情地做加法了。即便只针对一线城市的葡萄酒售价问题，可能也可以写成一本书，为葡萄酒定价确实是门学问。

6.葡萄酒越老越值钱？你上当了

猫叔，你别吓我，
你这表情？！

这酒一文不值！

你过分了啊，
上个月还跟我讲82年拉菲
怎么好怎么贵！

没错，但不是所
有82年的酒都贵。

此话怎讲？
我可是从他们家酒柜的
最里层偷出来的！

82年的酒绝大多数已经死了，
像拉菲这样的只占极少数！

死了？葡萄酒还能死？
不是说越陈越值钱吗？

猫叔你好搞笑……
葡萄酒还有寿命？

一点都不搞笑。
每支葡萄酒从酿造开始
就开始了生命历程。
大部分只能活1-2年，有的
则可以活30年以上，
比如82年拉菲，
到现在还活着。不过这种酒越喝越少，
自然就越来越贵。

不不不，世界上只有1%的酒
能陈年10年以上，何况30年。
这只是一瓶普通的葡萄酒，
寿命也就2-3年。

我还是不
太明白！

这些酒之所以越陈越贵，
是因为葡萄品质好，
加上不惜工本的酿造，
可以活30-50年。
但有些酒选用的葡萄很烂，只能放2-3年，
放久了就是一瓶醋，明白？

醋？葡萄酒
还能变醋？

对。其实是放置时间
长了被氧化，空气中
的醋酸菌将葡萄酒里的酒精
和糖分逐渐醋化导致。

这么说，我这酒是白偷了？

没文化很可怕！

① 葡萄酒年份（Vintage）：酒标上的葡萄酒年份是指葡萄的采摘年份，由于许多葡萄酒产地的气候有年份差异，因此不同年份的葡萄也有各自的特质，从而导致酒的口感差异很大。

② 拉菲古堡：法国著名葡萄酒庄，位于波尔多。该酒庄因在1855年的酒庄评级中名列一级庄（Premiers Crus）而蜚声国际。1982年对于拉菲来说是一个难得的世纪年份，质量超群。

③ 陈年：由于高质量的葡萄酒在陈年过程中能够继续酝酿出不同的香气，从而让葡萄酒的口感更为复杂且有层次感。质量一般或低质的葡萄酒并不具备这种能力，香气和风味会随着陈年而消亡。

④ 葡萄酒的氧化：是指在氧气的作用下，葡萄酒中的单宁、多酚类物质和花青素发生各种化学反应，从而影响葡萄酒的香气、口感和颜色。另外，葡萄酒中的醇类物质氧化后转变成其他醛类，这些醛类带有煮蔬菜和木头味；酒精过度氧化也会转变成乙醛，乙醛常表现为烂苹果香气。微量的氧化会增加葡萄酒的香气复杂性，而过度氧化则会让葡萄酒丧失新鲜的果味，减少品尝葡萄酒的愉悦度。

历数不同葡萄酒陈年之最

世界上绝大部分葡萄酒是有"生命"的,会经历年轻—发展—巅峰—死亡的"生命历程"。由于少量氧气的存在,葡萄酒会发生缓慢的氧化反应,或者在氧气的帮助下,少量微生物会发生化学反应,从而影响葡萄酒的各种指标和口感,无论是往积极还是消极的方向,最终会在一定程度上改变酒的品质。

葡萄酒有许多种类,不同种类葡萄酒的陈年潜力相差甚远,以市场上常见的葡萄酒为例。

第一类为普通量产葡萄酒(Bulk wine),其寿命为1—2年,宜新鲜饮用,市场售价约在200元以内,例如法国大部分地区餐酒(Vin de Pays)以及美国加利福尼亚州和智利中央山谷这样的大产区酒。

第二类为中等质量经典产区葡萄酒,其寿命3—5年,可适当陈年,市场售价在200—600元,例如大部分波尔多村庄级、澳大利亚南澳子产区、加利福尼亚州各子产区级别的葡萄酒。

第三类为高质量著名产区葡萄酒,其寿命8—10年甚至以上,有较强陈年潜力,市场售价在600元以上,例如波尔多列级庄(Grand Cru Classé)、意大利蒙塔尔奇诺的布鲁耐罗(Bruneelo di Montalcino)、勃艮第(Bourgogne)一级葡萄园以上,加利福尼亚州纳帕谷(NapaValley)著名酒庄的葡萄酒。

第四类为硬通货级别的名庄葡萄酒,其寿命可达30—50年或以上,有惊人的陈年潜力,市场售价极高,例如波尔多顶级的拉菲古堡、拉图古堡等一级名庄,法国北罗纳河(Northern Rhône)、意大利巴罗洛(Barolo)顶级酒庄等。

第五类为加强型葡萄酒,寿命不受限制,因为有较高酒精度(20%左右),氧气与微生物完全被抑制,因此可以长年存放,最著名的例子包括葡萄牙生产的高质量马德拉酒(Madeira),被称为"不死之酒"。

第3章

游历篇

1. 波尔多与1855

猫叔，你喝的第一瓶
葡萄酒是哪儿产的？

波尔多，就是我
带你全球葡萄酒
游历的第一站。

猫叔，
飞机上看下去
这一大片都
是葡萄园吗？

没错，
总面积11万公顷。

哇，那岂不是
有1500个故宫
那么大？

嗯，1万多家酒庄，
年产量8.5亿瓶。

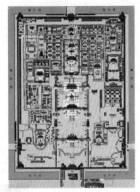

×1500

这么多？
都是你上次说
的什么列级庄吗？

那是1855分级，
是这里左岸
梅多克(Médoc)地区
最好的酒庄。

那这个列级庄有多少家，怎么分级啊？

这要从拿破仑三世说起。1855年，法国要举办一个博览会，这个皇帝大哥就下圣旨说找一批最好的酒庄出来去参展，给法国长长脸。

← 拿破仑三世

什么叫左岸？

你看这有三条河，这两条河左边的就叫左岸。

加仑*

大西洋

左岸

右岸

波尔*

原来还是御批的啊！

皇帝大哥只是出了个主意，具体名单都是波尔多葡萄酒商会琢磨出来的。

总共有多少家入选啊？

当时是57家，现在61家。有俩关了（也有分家的），但其他酒庄160多年来基本没变！

波尔多列酒庄
Bordeaux Grand Cru Class Wineries

第一级 Premiers Crus	第二级 Deuxièmes Crus	第三级 Troisièmes Crus	第四级 Quatrièmes Crus	第五级 Cinquièmes Crus
波亚克 **Pauillac** 拉菲古堡 Château Lafite Rothschild 拉图酒庄 Château Latour 木桐酒庄 Château Mouton Rothschild **玛歌** **Margaux** 玛歌酒庄 Château Margaux **佩萨克-雷奥良** **Pessac-Léognan** 侯伯王酒庄 Château Haut-Brion	**波亚克** **Pauillac** 碧尚男爵酒庄 Château Pichon Longueville Baron 碧尚女爵酒庄 Château Pichon Longueville Comtesse de Lalande **玛歌** **Margaux** 布莱恩康特纳克酒庄 Château Brane-Cantenac 杜霍酒庄 Château Durfort-Vivens 力士金酒庄 Château Lascombes 鲁臣世家酒庄 Château Rauzan-Ségla 露仙歌酒庄 Château Rauzan-Gassies **圣爱斯泰夫** **St.-Estèphe** 爱士图尔酒庄 Château Cos d'Estournel 玫瑰山庄酒庄 Château Montrose **圣朱利安** **St.-Julien** 巴顿酒庄 Château Léoville-Barton 宝嘉龙酒庄 Château Ducru-Beaucaillou 波菲酒庄 Château Léoville-Poyferré 金玫瑰酒庄 Château Gruaud-Larose 雄狮酒庄 Château Léoville-Las Cases	**玛歌** **Margaux** 宝马酒庄 Château Palmer 贝卡塔纳酒庄 Château Boyd-Cantenac 碧加侯爵酒庄 Château Marquis d'Alesme Becker 狄士美酒庄 Château Desmirail 迪仙酒庄 Château d'Issan 费里埃酒庄 Château Ferrière 肯德布朗酒庄 Château Cantenac-Brown 马利歌酒庄 Château Malescot St. Exupéry 美人鱼酒庄 Château Giscours 麒麟酒庄 Château Kirwan **上梅多克** **Haut-Medoc** 拉拉贡酒庄 Château La Lagune **圣爱斯泰夫** **St.-Estèphe** 凯龙世家酒庄 Château Calon-Ségur **圣朱利安** **St.-Julien** 拉格喜酒庄 Château Lagrange 朗格巴顿酒庄 Château Langoa-Barton	**波亚克** **Pauillac** 杜哈米隆酒庄 Château Duhart-Milon **玛歌** **Margaux** 宝爵酒庄 Château Pouget 德达侯爵酒庄 Château Marquis de Terme 碧仙酒庄 Château Prieuré-Lichine **上梅多克** **Haut-Medoc** 拉图嘉利酒庄 Château La Tour Carnet **圣爱斯泰夫** **St.-Estèphe** 拉芳罗斯酒庄 Château Lafon-Rochet **圣朱利安** **St.-Julien** 大宝酒庄 Château Talbot 龙船酒庄 Château Beychevelle 圣皮尔酒庄 Château Saint-Pierre 周伯通酒庄 Château Branaire-Ducru	**波亚克** **Pauillac** 奥巴里奇酒庄 Château Haut-Bages-Libéral 巴特利酒庄 Château Batailley 百德诗歌酒庄 Château Pédesclaux 达马邑酒庄 Château d'Armailhac 杜卡斯酒庄 Château Grand-Puy-Ducasse 奥巴特利酒庄 Château Haut-Batailley 歌碧酒庄 Château Croizet Bages 克拉米伦酒庄 Château Clerc-Milon 拉古爵酒庄 Château Grand-Puy-Lacoste 靓茨伯酒庄 Château Lynch-Bages 庞特卡内酒庄 Château Pontet-Canet **玛歌** **Margaux** 杜扎酒庄 Château Dauzac 杜特酒庄 Château du Tertre **上梅多克** **Haut-Medoc** 百家富酒庄 Château Belgrave 佳得美酒庄 Château Cantemerle 佳得美酒庄 Château Cantemerle 卡门萨克酒庄 Château de Camensac **圣爱斯泰夫** **St.-Estèphe** 靖礼酒庄 Château Cos Labory

那一定是个有故事的酒庄！

不明觉厉呢，没有不服气的吗？

哦对，只有一家。伟大的木桐酒庄 (Château Mouton Rothschild)

木桐酒庄

走，我现在带你去村里走走。

村里？哪个村？

波亚克（Pauillac）村，那里有好多大牛庄。

① 葡萄园：种植葡萄的园地。一个葡萄园的建立需要考虑到土壤、海拔、坡度、微气候、人工成本等多方面因素。有的葡萄园有围墙，有的则没有。有的园地可以为某家酒庄独有，有的则为多家酒庄、合作社或公司共同拥有。

② 列级庄：本书中指波尔多梅多克与苏玳产区1855列级庄评级（Grands crus classés en 1855 Médoc & Sauternes）中的酒庄，是波尔多高质量酒的象征，在该分级中，列级庄分为五个等级，一级庄为最高级，五级庄（Cinquièmes Crus）为评级中的基础级。不过五级庄中也不乏靓茨伯（Château Lynch-Bages）和庞特卡内（Château Pontet Canet）等质量超群的酒庄。

猫叔有话说

1855年分级是一个颇有商业色彩的葡萄酒分级体系

当时的法国国王拿破仑三世想在1855年世博会上向全球推广波尔多葡萄酒。为了便于记忆，他选择将酒庄分为不同等级，并将这个任务交给了波尔多葡萄酒商会。而商会又将这项工作转交给了一个葡萄酒批发商组织（Syndicat of Courtiers）。

此次分级公布之初曾招致很多批评。很多人认为分级不够全面，因为列级酒庄全部来自波尔多左岸。而且，除了格拉夫产区（Graves）的侯伯王酒庄，其余所有被列入名单的酒庄基本都来自名声在外的梅多克，而它只是波尔多子产区之一。而且，一直到20世纪初，协会也只售卖左岸的酒款。

此外，这一分级的公平性也颇受质疑。以罗斯柴尔德家族（Rothschild Family）旗下的木桐酒庄为例，论财力、影响力与酒的品质，它与任何一家一级酒庄相比都毫不逊色。但在评级中它却被列为二级庄（2nd Growths）。于是木桐酒庄便有了以下著名格言："第一，我不是；第二，我不屑一顾；我就是木桐。"

直到1973年，在菲利普·罗斯柴尔德男爵（Baron Philippe de Rothschild）的不断努力下，法国农业部终于针对1855年分级做出了历史上唯一一次变动，将木桐酒庄晋升为一级庄（1st Growths）。随后酒庄的格言就变为："第一，我是；第二，我曾经是；木桐未曾改变。"

这就是分级建立至今唯一的一次改动。其余的酒庄，有些经过分家、破产，只是在数量上从当时的57家变更为今天的61家，这是指红葡萄酒的分级，另外还有一份甜白葡萄酒的分级名单，仅针对波尔多两个甜白葡萄酒的子产区——苏玳（Sauternes）和巴萨克（Barsac），分为超一级庄、一级庄和二级庄三个等级，其中唯一的超一级酒庄就是著名的滴金庄园（Château d'yquem），目前隶属奢侈品巨头酩悦·轩尼诗-路易·威登集团（LVMH）。从分级体系建立至今，各酒庄的酿造工艺、市场地位，甚至是财力等情况都发生了巨大变化。但即便庞特卡内和靓茨伯等五级名庄，被誉为超二级庄却依然无法改变自己的评级，所以要改变历史还是颇为不易。

2. 木桐与1924

装瓶不应该是酒庄的事吗?
为啥要标出来啊?

你的意思是说,
不同的酒商买了一样的酒,
可以贴上不同的酒标?

不不不,当时很多酒庄
是出售一桶桶的酒,
由酒商来装瓶的。

聪慧!
这就是贴牌(OEM)嘛。
1924年以前,
都是这么干的。

那一年发生了什么？

1924年，
木桐酒庄的菲利普男爵
决定抛开酒商的影响，
独立装瓶。

也就是想
创建自己的品牌呗？

嗯，所以在那一年
还专门邀请了著名
立体派画家让·卡吕(Jean Carlu)设计了
首张酒标。

1924

CE VIN A ÉTÉ
MIS EN BOUTEILLE
AU CHÂTEAU

CHÂTEAU
MOUTON-ROTHSCHILD

而且，每年都会邀请
不同的艺术家设计酒标！

这个厉害了！

1958年是达利(Salvador Dalí)，
1964年是米罗(Joan Miró)，
最牛的是1973年！

为啥？

画酒标的是
大名鼎鼎的毕加索(Pablo Ruiz Picasso)！

不可思议！

因为自从1855年以来，
这是所有的列级庄里
唯一的变动！

好励志！

这一年更神奇的是
木桐酒庄洗刷历史耻辱，
从二级庄升级成为了
一级庄！

为啥说神奇？

来看看，这酒庄长这样！
这是个伟大的酒庄！

菲利普男爵：作为罗斯柴尔德家族的一员，菲利普男爵既是一名诗人，也是编剧、剧作家、电影制片人、赛车手，并在20岁的年纪便已接受木桐酒庄的日常管理事务，并于1924年首创酒庄装瓶，并被各大酒庄争相效仿。1946年，男爵又决定以不同的艺术画作作为木桐的酒标，参与创作酒标的大师级画家包括萨尔瓦多·达利、胡安·米罗和毕加索等。

 猫叔有话说

葡萄酒世界里的OEM

OEM是指品牌拥有者本身不直接生产，而将生产工作授权给一个或多个制造商的一种行为，即贴牌生产。葡萄酒世界里的OEM是一种很常见的产业形态，也就是说酒的品牌商很多时候并不是葡萄酒的酿造者，更不是葡萄的种植者。这种情况在法国、西班牙的许多产区，尤其是雪利酒产区非常常见。

在西班牙的雪利酒产区，葡萄种植者、酿酒者、装瓶者、酒商要分别向政府申请相应的牌照，而不随意自种自酿，再自己贴标贩售。在世界其他大部分产区，虽然法律没有这么严格，但历史的传统依然存在，酒标所有者未必是葡萄园的拥有者，也不一定酿酒。尤其是全球商业一体化的趋势越来越明显,集团化、规模化的酿酒集团出现,自有葡萄园完全处于供不应求的状态,会大量向葡萄种植者进行收购葡萄,并且委托酿造,酒庄只是进行最后的质检验收并装瓶发售。这在品牌效应比较明显的香槟产区、新世界产区很多见。

但另一方面,随着个性化需求越来越多,许多原先的葡萄农也逐渐开始转型为酿酒者,进而申请自己的商标,成为独立的小酒商。这种个性化的小农经济,在法国勃艮第也成为一种趋势,越来越多的酒农香槟不断涌现也正是这种潮流的体现。

3. 拉菲为什么这么贵?

这么贵？
吃了能长肉啊？

能不能长肉不知道，
但费钱是肯定的。

高分？谁评的啊？
靠谱吗？

究竟为啥
这么贵啊？

地贵！高分酒！
有面子！

世界顶级酒评家，
比如罗伯特·帕克 (Robert Parker) 先生、
杰西斯·罗宾逊 (Jessie Robinson) 夫人等！

那为啥喝拉菲有面子？

1855年列级庄评比第一名！
100多年来未曾动摇！
欧洲皇室宫廷御用到今天！

所以，你能理解我现在的心情了吗？

难怪当年电影里
那些大佬都喝这个。

嗯，你要让我喝
一杯就更容易理解了！

滚！

① 酒评家：指对酒进行独立点评的专业人士，点评通常包括评分、客观以及主观评语。好的酒评家对酒品质的判断具有稳定一致的标准，其评价对葡萄酒爱好者或消费者在选购酒款时有实际参考价值，甚至使消费者能够依据酒款评分在短时间内选定所需的酒款，也可作为长期投资或拍卖等行为的重要参考。此外，著名酒评家的评价与评分也常作为酒款营销的重要依据和常规指标之一，评分高的酒款或年份常常标价更高。

② 罗伯特·帕克：帕克是葡萄酒业界最权威的酒评家之一，生于1947年。一次法国旅行促成他的姻缘，也让他爱上葡萄酒，并于1978年放弃原本的律师职业，转而创办了《葡萄酒倡导家》（*Wine Advocate*，以下简称WA）杂志。他曾预测1982年份将成为20世纪的顶级年份，并高度评价了1982年份拉菲酒庄干红。这款酒后来成为波尔多乃至世界顶级的干红葡萄酒之一，也是葡萄酒投资市场重要的标杆酒款。在过去几十年中，帕克始终是业界最受尊重的酒评家之一，活跃于各个葡萄酒产区。不过从2016年起，帕克逐步淡出葡萄酒圈，将工作转交团队其他成员，并于2019年5月16日正式退休。

猫叔有话说

波尔多酒标解读

波尔多属于海洋性气候,因此降雨的年度分布与量的变化会导致每个年份可能品质不一。因此,在选购时酒标(见图3-1)上除了酒庄名,最要紧就是年份。

图3-1　波尔多酒标

列级庄(Grand Cru Classé)之所以名声在外,当然是品质相比普通酒庄更为稳定,消费者可以对每个年份给予一定期待值,不过优秀的年份一定会在售价上有所体现。此外,认准"Grand

Cru Classé"这几个字,不论在哪个子产区,都代表了比普通大区或者村庄级酒款要更优秀。不过,有些低调的王者却不属此列,比如柏图斯酒庄(Petrus)。因为在波美侯(Pomerol)这个名庄辈出的子产区,只分名庄和普通酒庄两种。

4. 里奥哈的火车站

这个火车站，意义非同寻常！

为啥？不是一个普通的火车站吗？

不，你仔细看，这火车站周围全是酒庄，且都大名鼎鼎！

真的都是酒庄哎，有没有名不知道，但这是为啥？

因为这条铁路
和这座火车站就是为
了葡萄酒而修建的。

为葡萄酒而修建的铁路?
运进来还是运出去?

当时法律没
有这么严格。
而且这么做
给里奥哈带来
很多好处。

什么好处?
酒卖的更多?

运到波尔多去。
19世纪下半叶,
波尔多的葡萄园
基本被根瘤蚜虫毁了,
只有这里的葡萄酒在数量和
质量上都能满足波尔多人,
几乎可以假乱真。

以假乱真?
你的意思是他们用
里奥哈(Rioja)的葡萄酒
冒充波尔多酒卖出去?

对,所以在
很长一段时间内,
市场上喝到的
波尔多酒
其实是里奥哈酒。

这也可以?

不光如此,
这里来了很多
波尔多酿酒师,
让这里的人学会了
更先进的酿酒
技术和理念。

这不就
是OEM吗?

没错。
所以里奥哈人很聪明，
他们很快就
开始建立自己的品牌，
比如这附近的穆加酒庄 (Muga)，
橡树河畔酒庄 (La Rioja Alta S.A.)
洛佩兹·埃雷蒂亚酒庄
(López de Heredia) 等。

他们的酒跟
波尔多酒很像吗？

也许在100多年前有些近似，
但因为葡萄品种完全不同，
口感差异还是很明显的。
比如这家
López de Heredia。

就是你常说的
出产"土豆泥"
(Tondonia) 的那家？
我们进去看看！

你看这个巨大的地下酒窖，
放的全是陈年老酒，
尤其是他们的
白葡萄酒，非常特别。

哇！他们存这么多酒，
得压多少资金啊，
不着急卖吗？

这就是传统里奥哈的特色，
酿好之后不急于卖出，
进入适饮期才上市。

对，其他还有普里奥拉托(Priorat)，附近的杜罗河岸(Ribera del Duero)，下海湾(Rias Baixas)等。

听说老镇上
有很多美食……

咱们好好饱餐一顿去！
吃完去下一站，意大利！

这么良心啊，赞。
怪不得你一直说西班牙酒好，
传统但很走心。

说传统那是过去了。
现在西班牙
葡萄酒到处都有创新，
有机会我们去别
的产区你就明白了。

但里奥哈依然是
西班牙最出名的产区？

①根瘤蚜虫：原产于北美洲，是一种长度不到1毫米，寄生于葡萄根部的害虫。根瘤蚜虫会攻击葡萄藤根部致其伤口不愈，还会并发其他病虫害导致葡萄藤死亡。19世纪下半叶，它给世界葡萄酒业带来浩劫，整个欧洲的葡萄园70%以上受到感染，少有幸免。如今，各产区，特别是老藤较多的产区都对防御根瘤蚜虫极为重视，澳大利亚更为此颁布《葡萄树保护法案》(Vine Protection Act)。不过根瘤蚜虫在沙质土壤上无法兴风作浪，智利便是最好的例子。

②里奥哈：西班牙仅有的两个DOCa法定产区（西班牙最高评级）之一，主要分为上里奥哈(Rioja Alta)、里奥哈阿拉维萨(Rioja Alavesa)和东里奥哈(Rioja Oriental)三个子产区，出品红白葡萄酒和桃红葡萄酒，以陈酿时间作为葡萄酒的分级标准，是名庄辈出的世界著名葡萄酒产区。

③酿酒师：葡萄酒酿造环节不可或缺的角色，是酒庄负责指导酿造工作的人员，必须具有非常专业的知识与酿酒经验。酿酒师需要决定葡萄的采摘时间，选择合适的酵母，决定即将酿造的葡萄酒风格，也要在葡萄酒发酵后决定陈酿的方式及时间，也要按需对葡萄酒的调配进行计划不断尝试调整。依据酒庄规模，有些酿酒师对酿造工作亲力亲为，事必躬亲，有些则需要和不同团队协同合作。

④地下酒窖：指建造于地表以下储存酒的地点，是最适合贮

藏葡萄酒的环境之一，长期恒温、避光，所以很多酒庄都会有自己的地下酒窖来储存自己酒庄需要陈年的酒款。

 猫叔有话说

西班牙酒标解读

西班牙酒是按照陈酿时间分级的（见图3-2）。其中的代表就是里奥哈产区。

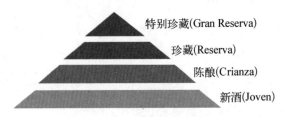

特别珍藏(Gran Reserva)

珍藏(Reserva)

陈酿(Crianza)

新酒(Joven)

图3-2 西班牙酒分级

最经济的类别是新酒，Joven本意年轻，就是指未经陈年的新酒，或者陈年时间非常短的酒。接下来是陈酿，Crianza字面指正在培养。这类酒可能有一点"人生阅历"，还需要再观察。法律规定，标识"Crianza"的红葡萄酒在葡萄采收后3年内不能上市，至少要在桶中陈年6个月。白葡萄酒则要求经过18个月才能面世，也需要进行6个月桶中陈年。以上两个级别，中国市场比较少见。

比较眼熟的是以下两个类别。一是珍藏,红葡萄酒至少陈酿3年,其中1年在小橡木桶里。白葡萄酒则要求陈放2年才可上市,其中6个月要待在小橡木桶里。二是特别珍藏,属于最高级别,陈年时间更长,只在极好的年份酿造。法律规定红葡萄酒必须在采收后5年方可上市,其中包括至少2年的橡木桶陈年。白葡萄酒则要经过4年,其中包括至少6个月的橡木桶陈年。例如老牌名庄洛佩斯埃雷蒂亚酒庄,从建庄到现在130多年,只有20个年份的特别珍藏。而酒王维格西西莉亚(Vega Sicilia)的顶级款乌尼科(Unico)更是达到10年的陈年期,其中包括7年的橡木桶陈酿。1970年份更是经过16年才上市!

此外,酒标上出镜率很高的内容还有葡萄品种,例如丹魄(Tempranillo)、弗德乔(Verdejo)、阿尔巴利诺(Albariño)等都是常有可能见到的名字。

接下来是类似法国原产地命名保护(AOP)体系的原产地命名保护分级(见图3–3)。最高等级保证法定产区(DOCa),目前仅里奥哈和普里奥拉托两个产区拥有这个头衔。

紧随其后是法定产区(DO),这一等级对产地和葡萄品种等因素都有多方规定。

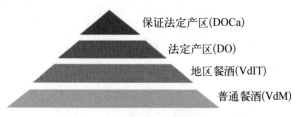

图3–3 西班牙原产地命名保护分级

地区餐酒（VdIT，全称为 Vino de la Tierra），或者叫大区级餐酒，相当于法国的 Vin de Pays，产区范围笼统，规定很模糊。普通餐酒（VdM，全称为 Vino de Mesa）作为西班牙酒最基础的等级，常常混合不同产区的葡萄酒，所以风土特点特别不明显，品质可想而知。

5. 托斯卡纳的阳光

你看这里有片葡萄园，很多小石子啊，跟波尔多左岸一样。

嗯，这就是大名鼎鼎的意大利酒王西施佳雅（Sassicaia），酒庄的名字就是小石头的意思。

猫叔，佛罗伦萨的大教堂咱不去看看吗？

在我眼中，最美的风景还是葡萄园。

那这里又是小石头，又是海边，是不是酒的风格很像波尔多那里啊？

聪明！不过这里比波尔多热多了，这里的酒更有酒精感，更饱满。

天好热，这里的阳光太刺眼了

所以托斯卡纳(Tuscany)的阳光很有名，这里的葡萄都能达到很好的成熟度。

这个西施佳雅很厉害吗？

西施佳雅的创始人
叫马里奥侯爵(Mario Incisa della Rocchetta)，
他跟那个木桐酒庄
的老庄主菲利普男爵是好友。

这也是个伟大的故事，
要从20世纪40年代说起。

跨越了国界
和种族？

来来来，
我搬个小板凳！

嗯，
他们一起玩赛车，
一起追漂亮姑娘，
当然，还一起
喝顶级美酒。

啧啧，这生活美的。
因为都是富二代？

不，富N代。但好景不长，
二战爆发后，
意法成了敌对国，
马侯爵喝不到法国顶级美酒了……

这个有点惨，
然后呢？

然后马侯爵就问
自己老爹要了几千亩土地，
在菲男爵的指导下，
开始尝试种植法国葡萄品种，
决定自己酿顶级美酒。

因为他喝不惯
意大利酒？

嗯，他们家族就
有很多葡萄园，但他
不爱喝这种本地葡萄酿造
的酒—奇安蒂（Chianti）。

那酿出来了吗？

嗯，就是这款Sassicaia，
因为挽救了
意大利葡萄酒在国际上的名声，
所以被尊称为意大利酒王。

那岂不是很
多人会模仿?

说得没错,
成群结队的人模仿,
还出现了一个新名词:
超级托斯卡纳(Super Tuscans),
指的就是这类非传统的酒。

但这个故事
听来不够励志,
一个富家子弟,
要啥有啥,
做成功也
不稀奇啊。

不,很励志。
他当初酿出来的酒,
连自己家人都不要喝,
坚持到60年代才
被人接受。

默默坚持?

是啊,
而且还是反传统的坚持,
这就是他伟大的原因。

这下够励志了。
不过猫叔,
我快晒化了……

行,我们凉快
的德国走起!

① 成熟度：葡萄的成熟度分为两个方面，一是糖分的成熟，一是单宁等酚类物质的成熟。日照的多少决定了糖分的成熟度，温度的高低决定了单宁等酚类物质的成熟度。当两者都达到恰当的成熟度，葡萄果实就有机会酿成品质优良的葡萄酒。

② 酒王：对某一产区顶级酒款的尊称，一般为非正式称号，代表它对某一产区葡萄酒发展的贡献，比如意大利酒王西施佳雅推动了托斯卡纳对赤霞珠葡萄等国际葡萄品种的使用，西班牙酒王维加西西里亚也同样将赤霞珠与本地品种丹魄完美结合，不但提升了西班牙酒的国际地位，也提升了杜罗河畔产区的知名度。

③ 饱满：对酒体的一种形容，指醇厚有张力的口感，与轻盈酒体的差别类似全脂牛奶与水在质感上的不同，前者给人丰腴的感觉，后者则比较细瘦。

④ 本地葡萄：与国际葡萄品种相对应。本地葡萄通常只在某一产区种植且有一定历史的品种，国际葡萄品种则在世界范围内广泛种植，两者出产的葡萄并无优劣之分，都有可能出产高质量的葡萄酒，也可能作为大批量廉价酒的原料。

意大利酒标解读

金字塔是地球人都喜爱的评级造型,意大利自然不例外。意大利法定葡萄酒产区分级(见图3-4)的塔顶那个层级的全名是"Denominazione di Origine Controllata e Garantita",相当于西班牙的DOCa,即保证法定产区。

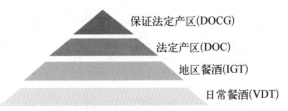

保证法定产区(DOCG)

法定产区(DOC)

地区餐酒(IGT)

日常餐酒(VDT)

图3-4 意大利法定葡萄酒产区分级

截止出稿,目前全意大利有74个保证法定产区,但名单还在不断变动中。其中包括2014年才晋级的尼扎(Nizza),广受喜爱的小甜水阿斯蒂莫斯卡托(Moscato d'Asti),酒王巴罗洛和酒后巴巴莱斯科(Barbaresco)都属于DOCG级别。1980年设立时,蒙塔尔奇诺的布鲁耐罗成为意大利史上第一个DOCG。那是托斯卡纳最温暖干燥的区域之一,但受到第勒尼安海的影响所以果实既成熟又保有良好酸度,受到大自然的眷顾。

接下来的DOC为法定产区层级设立年代更早,1968年就有了第一批DOC,一般都是正统,历史可追溯的产区。

紧随其后的是IGT全称"Indicazione Geografica Tipica",即地区餐酒。名字虽不起眼却藏龙卧虎。很多叛逆却优秀的酿酒师不屑根据DOCG规定来酿酒,所以即便作品表现优异,却碍于法规只能标识为IGT。最著名的例子就是"超级托斯卡纳",人称"五大雅"(见图3-5)的几款顶级名酿。

图3-5　五款顶级名酿

说明:从左至右分别是著名酒庄安东尼(Antinori)出品的天娜(Tignanello IGT)和索拉雅(Solaia IGT);圣圭托酒庄(Tenuta San Guid)的西施佳雅;奥纳亚酒庄(Tenuta Dell' Ornellaia)的同名酒款以及单一园马赛托(Masseto IGT)。

最下方的层级是包罗万象的日常餐酒(VDT, Vino da Tavola)。由于日常餐酒浩瀚如宇宙,就不多赘述,意大利餐厅随便一支餐酒都可能是这个类别,好不好喝尝了才知道。而酿造方法也是常见的酒标(见图3-6)内容之一,例如"Appassimento"(意思是将葡萄风干)之类的字样都属于意大利特色的操作。

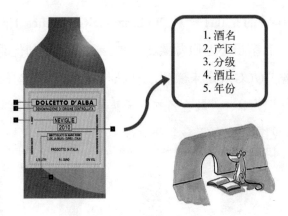

图3-6　意大利酒标

6. 摩泽尔河畔的斜坡

那边不是
有平地吗?

平地上的葡萄
成熟不了啊,
只有斜坡才能有更
长的日照时间!

因为植物
需要光合作用,
对吧?

是啊,
比如在气温很高
却很多云的地方,
葡萄也长不好。

阳光这么
重要吗?

没错。阳光是
保证葡萄成熟
的第一要素!

明白了。
那这里都种
啥葡萄呢?

迷人的
雷司令!

雷司令 (Riesling)

这么奇妙?

所以雷司令可以
酿成各种风格的酒,
比如甜酒、干型酒、
冰酒、起泡、贵腐……

为什么叫
迷人的雷司令?

就因为敏感?

因为雷司令很敏感,
不同的地块、不同的
土壤、不同的坡度,
果实风味都不一样

还因为酸度高,
可以平衡糖分。

酸酸甜甜
的那种平衡吗？

没错，这里有世界上
最完美的酸甜平衡。
你看，那家就是
伊慕酒庄 (Egon Müller)，
生产着世界上最贵的雷司令！

看来产个
好酒不容易。
那德国都是
这样的葡萄园吗？

这里除了
斜坡还有
什么与众不同？

嗯，还有两条。
一是板岩土壤白天
吸收阳光的热量，
二是旁边有河流
能调节气温。

不不，好的
葡萄园都长这样。

① 山坡：指山上的斜坡。一般而言，山坡的不同海拔高度，不同的朝向以及不同高度土壤的成分都对葡萄种植至关重要。一些非常陡峭的山坡种植难度非常大，人工成本非常高，并会伴随水土流失等问题。随着全球变暖，山坡的特性使温暖或炎热产区出产高品质葡萄成为可能，也使凉爽产区的葡萄能够达到合适的成熟度。

② 冰酒：一种甜型葡萄酒。在零下8℃以下的气温条件下，葡萄会在葡萄树上自然冰冻，用这种结冰状态下的葡萄压榨发酵而酿制成的葡萄酒就是冰酒。

③ 起泡：指二氧化碳在酒中产生气泡的情况，基本只在起泡酒中存在。高质量起泡酒的气泡来自发酵产生的二氧化碳，气泡比较持久，少部分低质量起泡酒会像可乐一样直接往酒中充入二氧化碳，气泡会很快消散。

④ 贵腐：一种灰霉菌的良性表现，在潮湿环境下更易生长。贵腐菌感染葡萄的原理是菌丝生长后扎破葡萄表皮，留下肉眼不可见的小洞，使得水分蒸发，香气与糖分都更加浓郁的一种情况，所酿酒款常带有杏脯和蜂蜜等特有的滋味。由于贵腐酒较为珍贵，因此售价一般较高，也常以小瓶装盛装。

德国酒标解读

德国葡萄酒分为四个等级(见图3-7),由下往上分别是,最普通的日常餐酒(Deutscher Wein),稍微正经点的地区餐酒(Landwein),再精致些的高级葡萄酒(Qualitätswein,即QbA)以及金字塔尖的优质高级葡萄酒(Prädikatswein,即QmP)。

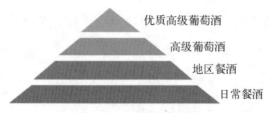

优质高级葡萄酒

高级葡萄酒

地区餐酒

日常餐酒

图3-7 德国葡萄酒分级

塔尖的优质高级葡萄酒还进一步按照含糖量细分为6个级别,主要是因为从前德国天气太冷,葡萄达到代表成熟度的某一含糖量是不容易的,所以含糖高低自然和质量相挂钩。价格由低到高分别是:珍藏(Kabinett)、晚收(Spätlese)、精选(Auslese)、逐粒精选(Beerenauslese)、冰酒(Eiswein)、枯藤逐粒精选(Trockenbeerenauslese,简称为TBA)。

接下来要在酒瓶上找老鹰。VDP全称为"Verband Deutscher Qualitäts Und Prädikatsweingüter",意为德国名庄酒联盟。这个历史超过100年的民间组织属于封闭式的小团体,有点排外。如果

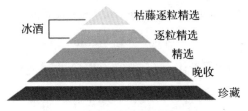

图3-8　德国优质高级葡萄酒分级

你要晋级为VDP酒庄,必须某个产区所有VDP成员全部同意你加入,新增名额的数量可想而知。虽然VDP的产量仅占全国2%,销售额却达到12%,售价自然不太接地气。

　VDP一共分为4个等级,由下到上分别是:特级葡萄园(VDP Grosse Lage)、一级葡萄园(VDP Erste Lage)、村级葡萄酒(VDP Ortswein)、大区葡萄酒(VDP Gutswein)。其中Grosse Lage出产的干型葡萄酒会被直接命名为Grosses Gewächs,也就是GG。

　此外,德国酒标上最显眼的几乎一定是酒庄(生产商)名。我们以大名庄普朗酒庄(Joh. Jos. Prum,酒标见图3—9)为例,果实来自历史名园"Graacher Himmelreich",意思是葛哈赫村(Graach)

图3-9　普朗酒庄的酒标

的仙境园(Himmelreich)。"Wehlener Sonnenuhr"这样的名字都是如此的构词法,即来自瓦兰村(Wehlen)的大名鼎鼎的日晷园(Sonnenuhr)。而酒王伊慕(Egon Müller)的酿造葡萄来自沙兹堡园(Scharzhofberger),其为独占园,是唯一的地主之意。

7. 冒泡的都叫香槟?

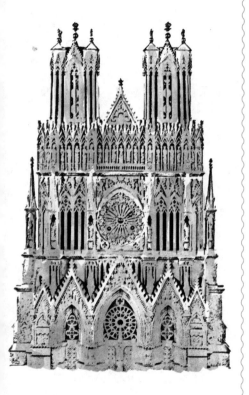

终于到了,看,前面就是著名的兰斯大教堂。

终于睡醒了……前面我们经过的地方叫啥来着?

阿尔萨斯(Alsace),也是一个著名的葡萄酒产地。

怎么感觉那边
阳光明媚,
而这边有些
阴冷呢?

那是因为中
间隔了孚日
山脉（Vosges）,
把云都给挡
在这边了。

就是那个泡泡酒吗?
香槟的葡萄都
是不成熟的吗?

嗯……
不是所有的泡泡
酒都叫香槟,
香槟表现的也不是
果味的成熟度。

那岂不是这边的
葡萄不容易成熟?

所以这边
生产香槟啊!

那不熟的葡萄
岂不是很酸?

对咯, 要的就是这个酸。
香槟的酸度
是它拥有平衡的口感和
较长陈年期的秘密。

那这里跟
德国一样,
也是酸甜
平衡吗?

不, 现在甜的
香槟越来越少。
平衡高酸度的
主要是酵母
自融的风味。

听不懂。

就是酒液中发酵完的
死酵母不取出来,
让它溶解在酒中,
会给酒增添别样的风味。

听着好恶心……

这是全世界
都在模仿学习的工艺呢！
会增加迷人的香气！

在酒瓶里进行
两次发酵？

不，第一次发酵和
普通葡萄酒一样。
第二次在瓶中。

那泡泡酒都
这么酿吗？

不，只有那些
高质量的才是，
所以都会骄傲地
标注用了传统法
（Methode Traditional /
Traditional Method）。

所以标注传统法
的都是香槟？

不，只有产自
这里的才能叫香槟，
别的只能叫传统法
起泡酒。

霸道！

这不是霸道，
这是原产地保护法。

好吧，
给我说说有哪些
著名牌子，
回头我好
照着偷……

① 酵母自溶：指让酵母在发酵结束后依然与酒液进行长时间接触，使酒的口感更绵密圆润的过程。在酵母自溶过程中，酒会发展出特有烤吐司、甜面包卷和坚果等风味。一般来说，9个月以上的酵母接触才会逐渐产生酵母自溶的现象。

② 传统法：也称为香槟法，指采用瓶中二次发酵的方式酿造起泡酒的方法，很多起泡酒产区都采用传统法酿造，如意大利的弗朗恰柯塔（Franciacorta），西班牙的卡瓦等，而传统法起泡酒的代表产区则以法国香槟区最为著名。

④ 原产地保护：一种法定制度，指以一个地方的地理名称标识某商品来源于某产区，而产品必须符合该产区所规定的特定质量或其他特性，而这些特性由当地的自然或人文因素决定。葡萄酒原产地保护制度对葡萄品种、产区地域、产量等要素都做了多种规定。该制度起源于法国，后被许多国家效仿。

 猫叔有话说

香槟酒标解读

首先，只有在法国香槟产的起泡酒才能叫香槟！（目前仅剩美国加利福尼州寥寥几家酒庄还能继续使用这个名称），香槟分为很多种甜度（见图3-10）。

自然干型	超天然干型	天然干型	绝干型	干型	半干型	甜型
极干	极干	干	果味丰富	半干	甜	甜
0-3克/升	0-6克/升	0-12克/升	12-17克/升	17-32克/升	32-50克/升	50+克/升
0-2	0-5	0-7	7-10	10-20	20-30	30+
卡路里/杯	卡路里/杯	卡路里/杯	卡路里/杯	卡路里/杯	卡路里/杯	卡路里/杯

图3-10　不同甜度的香槟

说明：此外甜度低还能用零补液来表示：zéro dosage、pas dosé 或者 brut zéro。

　　然后，看是不是年份香槟。年份香槟（Vintage Champagne，法语叫Millesimé）只有最优秀的年份才会酿造，所以更加优质珍贵。而混合了不同年份存酒调配而成的香槟称为无年份香槟（Non-Vintage Champagne，简称NV），代表酒庄风格的那一款叫"Prestige Cuvée"，即特级精品。"Cuvée"意为"混酿"，配方每家酒厂都秘不外传。"NV"字样基本也不会出现在酒瓶上。这类酒会有许多玄幻牛气的名字。比如，酩悦香槟（Moët & Chandon）的Imperial，意为"帝国""皇帝"；顶级大牌库克香槟（Krug）的NV叫"Grande Cuvee"，意为"伟大的混酿"；电影《007》系列中邦德最爱的是堡林爵香槟（Bollinger），它的NV为"Special Cuvee"，即

"特别的混酿"，颇为低调内敛。每年，著名酒类杂志《国际饮料》（*The Drinks International*）都会颁布世界最杰出香槟品牌名单，2018—2019年的桂冠，分别是俄国沙皇的心头好路易王妃（Louis Rederer）和丘吉尔的最爱宝禄爵（Pol Roger）。

最后，为了方便检索，我们捋一遍品牌咖位（见表3–1）还是很有必要。

表3–1　香槟等级

香槟等级	外文名	中文名
顶　级	Krug	库克
	Salon	沙龙
	Louis Roederer	路易王妃
	Armand de Brignac	黑桃A
一线明星	Dom Perignon	香槟王
	Moët & Chandon	酩悦
	Taittinger	泰亭哲
	Bollinger	堡林爵
	Charles Heidsieck	哈雪
	Pol Roger	宝禄爵
	Laurent Perrier	罗兰百悦
二线明星	Perrier Jouët	巴黎之花
	Mumm	玛姆
	Veuve Clicquot	凯歌

8. 南非好望角

福尔斯海湾
(False Bay)，
在我心中，
这是南非最美的所在，
这片葡萄园已经
有近400年的历史了。

猫叔，
这里葡萄园
风景好美，
叫什么来着？

南非不是属于新世界吗，怎么历史这么悠久？

新旧世界都是相对于欧洲来说的。当时荷兰殖民者统治这里之后，就开始了葡萄树的种植。

一直延续到现在吗？

不，荷兰人虽然是最初的殖民者，但他们很快输给了新崛起的英国人，并且被英国人接管。

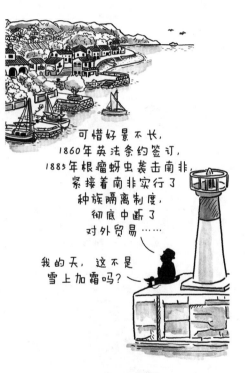

可惜好景不长，1860年英法条约签订，1885年根瘤蚜虫袭击南非，紧接着南非实行了种族隔离制度，彻底中断了对外贸易……

我的天，这不是雪上加霜吗？

没错，从此南非
葡萄酒开始了
一个世纪的衰落。

然后呢？
怎么恢复的？

那现在南非酒
的名气主要是啥？

既有传统，也有创新。
你看这个克
莱坦亚酒庄 (klein Constantia)，
创建者是南非
第二任总督西蒙·范德斯特尔
(Simon Van der Stel)，
依然坚守着传统。

真正恢复是
曼德拉老先生 (Nelson R.Mandela)
废除种族隔离制度之后，
国外的资本和技术
开始进入南非。

还是酿造
以前的酒吗？

嗯，最有名的
还是叫做康斯坦斯
(Vin de Constance)的甜酒，
当年拿破仑都十分钟爱。

那创新的酒呢？

以范德斯特尔
总督命名的斯泰伦博斯
(Stellenbosch)
产区现在可以
出产非常优质的赤霞珠.
西拉(Syrah)等国际范的葡萄酒。

据说南非的著名
品种是白诗南(Chenin Blanc)？

不光白诗南，
皮诺塔吉(Pinotage)
也算标志性品种。

你上次说
南非现在是葡萄酒
世界里冉冉升起
的新星，为啥？

因为品质高
的葡萄酒越
来越多，
价格还不贵。

99

① 新旧世界：旧世界指欧洲和地中海盆地周边地区，比如北非和近东地区。葡萄酒酿造工艺通常会比较传统，当然也有许多例外。新世界是相对于旧世界而言，是指欧洲及地中海盆地以外的所有地区，包括美洲、澳洲、亚洲等葡萄酒生产地区。葡萄酒酿造工艺往往比较创新。

② 斯泰伦博斯：萄酒种植历史可以追溯到17世纪，是南非最大的葡萄酒产区，主要出产赤霞珠和西拉等红葡萄品种，以及白诗南和长相思等白葡萄品种。当地常见波尔多风格混酿，因此斯泰伦博斯也被称为南非波尔多。

③ 皮诺塔吉：红葡萄品种，由黑皮诺（Pinot Noir）和神索（Cinsault）葡萄杂交而成，为人工培育品种，于1925年诞生于南非。皮诺塔吉的名字源于黑皮诺的"Pinot"和神索在当地的别名"Hermitage"，因此称之"Pinotage"。

 猫叔有话说

南非酒标解读

南非葡萄酒历史已有350多年，但直到种族隔离政策于1994年被废止，现代酿酒业的发展才真正开始。不过南非原产地（保护）体系（Wine of Origin Scheme，简称WO）的历史却可追溯至1973年。

这一体系的酒庄每支酒的酒瓶都会带有WO标签。而要隶属这一体系，酒庄必须符合以下条件：酿酒所用葡萄必须100%来自该法定产区；年份酒中85%以上的果实必须来自该年份（这一比例也适用于将单一葡萄品种印于酒标上的酒款）。WO体系中共有60个法定葡萄酒产区，划分为地理单位（Geographical Unit，简称GU）、区（Region）、小区（District）和葡萄园（Ward）4个层级。

GU中唯一重要的只有西开普（West Cape）。WO体系还承认单一园酒款（Estate Wine），酿造所用葡萄必须完全来自某一葡萄园，而葡萄园必须处于某个单一地理范围之内。顶级酒庄可以出品单一园酒款，也可以出品与其他WO体系内的葡萄混合酿制葡萄酒。另外，南非葡萄种植者合作协会（KWV）对该国葡萄酒甚至烈酒都具有举足轻重的地位，一度曾控制整个国家的葡萄种植，旗下酒款也以品质稳定著称。而历史名庄克莱坦亚酒庄（酒标见图3–11）更以风味美妙的甜白举世闻名，一代枭雄拿破仑就是它的铁杆拥趸之一。

图3–11　克莱坦亚酒庄的酒标

9. 世纪品酒会——巴黎评判

我们的膜拜
之旅开始了。

膜拜谁?

膜拜
这个为新世界葡萄酒
扬名的纳帕山谷。

这个山谷究竟
有什么故事?

著名的 "巴黎评判" 。
一切都要回到1976年，
从一个英国人
史蒂文·斯普瑞尔
(Steven Spurrier) 说起。

他是发起人？

其实他是身在巴黎的英国酒商，
当时正是美国建国200周年，
他觉得组织一场美国酒与
法国酒的品鉴会应该很有意义。

那为何叫
巴黎评判呢？

嗯，为保公平，
完全采用了盲品形式，
参加品鉴的
9位评委都是法国人，
结果，红白葡萄酒的
最高分得主
居然都是美国酒！

听我慢慢讲。
因为当时法国酒的
名声在国际上属于"独孤求败"
的状态，完全没有挑战者，
斯普瑞尔先生
无非也是想找个噱头，
来吸引那些上流
社会客户的注意。

我的天，
这让法国人
怎么下得来台？

这听起来
很有趣啊！

说的没错，
"窘迫""尴尬"
都不足以形容
当时的气氛。但随之
而来的媒体宣传，
更是让美国
酒的名声一飞冲天！

没想到，
这次品鉴成了
法国酒的灾难。

那最高分美国酒
来自什么酒庄？

这么严重？

都是这个山谷的，
白葡萄酒叫
蒙特莱那酒庄 (Chateau Montelena)，
红葡萄酒叫鹿跃酒窖 (Stag's Leap)。

厉害！厉害！

还有更有意思的，
时隔30周年，斯普瑞尔先生
在2006年又组织了一次盲品，
你猜结果如何？

法国酒全面
复仇了？

这次更惨，
前5名全是美国酒！

你赶紧带我去看看
这些酒庄膜拜下，
等不及了！

① 纳帕谷：美国葡萄酒著名产区，是许多知名酒庄的所在地，其中包括啸鹰（Screaming Eagle）、哈兰（Harlan）、稻草人（Scarecrow）等酒庄。纳帕谷以赤霞珠干红和霞多丽（Chardonnay）干白闻名，如今也出品许多优质的西拉和黑皮诺等酒款。

③ 史蒂文·斯普瑞尔：著名葡萄酒评论家、作家和顾问，于1941年生于英国德比郡，曾在法国从事葡萄酒贸易工作，并组织了举世闻名的1976年巴黎评判。美国纳帕谷的葡萄酒因在评审中表现优异而声名大噪。

③ 盲品：指品鉴者凭借嗅觉与味觉对所品尝的葡萄酒就产区、品种、年份和酿造方式等信息等进行逻辑推理和合理猜测。

④ 膜拜酒：这类酒一般产量稀少，不惜采用高成本酿造，因而品质稳定且超群，经常会获得酒评家超高评分，故而售价极高，因此常常被酒迷们戏称为"顶礼膜拜之酒"。

 猫叔有话说

史蒂文·斯普瑞尔与巴黎评判

史蒂文·斯普瑞尔在1976年5月24日在巴黎组织的一场举世

闻名的葡萄酒品鉴会,由于品鉴结果出乎所有人的意料,被载入史册,也影响了世界葡萄酒的发展格局。最早提出这个说法的是美国记者乔治·泰博(George M Taber)。他的这一说法灵感来自希腊神话特洛伊王子帕里斯(Paris)评判——谁是最美女神的故事,由于王子的名字与巴黎(Paris)同名,故而也把这场品鉴会称为巴黎评判。

当时,史蒂文·斯普瑞尔还是一位在巴黎经营高端葡萄酒的英国酒商,长久以来对法国葡萄酒情有独钟,也认为全球葡萄酒的佼佼者都在法国。但进入20世纪70年代,他开始接触到越来越多的新世界葡萄酒,尤其是美国加州纳帕谷的酒款,认为质量完全不在法国葡萄酒之下。于是他组织了这次品鉴会,参选酒款分为两组:6款加州霞多丽干白对4款顶级勃艮第干白;6款加州赤霞珠干红对4款波尔多名庄干红。全过程都以盲品方式进行。

品鉴会邀请当时有影响力的11位酒评家担当评委,其中有9位来自法国。在品鉴会开始之前,他们对美国酒不屑一顾甚至有点嗤之以鼻。然而,最终的结果却令在场所有人大感意外,夺得评分最高的白葡萄酒和红葡萄酒均来自美国!它们分别是1973年份的蒙特莱那酒庄霞多丽干白和鹿跃酒窖23号桶赤霞珠干红。

自此,媒体上展开了一场声势浩大的辩论,并因此将美国加州葡萄酒推上令世人瞩目的舞台。这场品鉴也进一步改变了世界葡萄酒一度以法国为中心的格局。不仅仅是美国,这无疑也给澳大利亚、智利、南非等新世界产区注入了强心剂,葡萄酒的发展开始呈现多极化。这对消费者来说,应该算是一个福音。

10. 一号作品的诞生

猫叔,
这个建筑很特别啊,
是哪家酒庄啊?

罗伯特·蒙大菲
(Robert Mondavi),
可以算纳帕谷这里
殿堂级别的存在。

你知道的还不少！这些是膜拜酒，确实很优秀。但是……

为啥，不应该是啸鹰酒庄，沙德酒庄（Schrader Cellars）、SQN这些吗？

你的意思脱离群众了？

有点这个意思。所以这些酒虽然优异，却并没有被冠上美国酒王的称号。

不不不，质量超群，价格贵到没朋友。

但是什么？质量不够好，不够贵？

没错，"Opus One"被翻译为一号作品。虽然没有那些膜拜酒那么贵，但却有着更传奇的故事。

酒王是罗伯特蒙大维他们家的？

我最爱听故事了。

1982年，
又是在那个伟大的年份，
罗伯特·蒙大菲决定
干一件大事。

没错，被称为
"加利福尼亚州葡萄酒之父"
的这位大佬，
决定与法国的顶级
大佬正式"联姻"。

那会儿他们
不是正彼此结怨吗？

你是说因为1976年
的巴黎评判？

就是这个酒庄
的创始人吗？

难道不是吗？
美国酒干掉了
那么多法国酒。

那就是这位大佬
与众不同的格局。
他决定虚心学习法国
酒的优雅，将其融入
美国酒里。

那是因为开一代风气之先，
为行业作出了巨大贡献！

于是在法国
顶级酿酒师的帮助下，
伟大的一号作品
诞生了。

听起来有点意思，
那为何会被称为
美国酒王？

① 罗伯特·蒙大菲:"美国葡萄酒教父",也是同名酒庄创始人。蒙大菲先生离开家族酒庄,于1966年创立酒庄,以酿造精品酒为目标,是纳帕谷率先使用先进种植方法与酿造设备的先驱之一。他还开创了一种带有烟熏味的橡木桶陈酿风格长相思干白,称为白富美(Fumé Blanc)。另外,他与波尔多一级名庄木桐酒庄的菲利普男爵合作出品的作品一号干红,被誉为美国酒王,是世界葡萄酒爱好者竞相收集的酒款。同名酒庄目前隶属世界酒业巨头星座集团(Constellation),出品的系列中既有普通大产区酒款,也有诸如喀龙园(To Kalon)等精品单一园酒款,是美国葡萄酒业当之无愧的代表之一。

② 啸鹰酒庄:美国顶级酒庄之一,位于纳帕谷橡树镇产区(Oakville AVA)。其正牌酒款啸鹰是美国膜拜酒的代表之一,酿造精工细作,选果极为苛刻。酒庄的首年份1992年被著名酒评家罗伯特·帕克高度评价,获99分,而之后的1997—2007年份更是屡获满分酒评,奠定膜拜酒庄地位。酒款只能通过有限的邮购名单订购,受到许多藏家的追捧。

③ 哈兰酒庄(Harlan Estate):美国顶级酒庄之一,位于纳帕谷橡树镇产区。酒庄始建于1984年,第一任庄主是威廉·哈兰(William Harlan)。葡萄园主要以赤霞珠为主,佐以其他波尔多混酿品种,包括梅洛(Merlot)、品丽珠(Cabernet Franc)和小味儿多(Petit Verdot)。首年份1990年份于1996年高价推出,此后

先后五个年份获得著名酒评家罗伯特·帕克满分评价,分别是1994、1997、2001、2002、2007和2013年份。2015年获得来自罗伯特·帕克团队的葡萄酒大师丽莎·佩罗蒂-布朗(Lisa Perrotti-Brown)的100分评价。

④ SQN(Sine Qua Non)酒庄:美国顶级酒庄之一,位于加利福尼亚州,地处洛杉矶北部的凡图拉郡(Ventura County),不过酒庄的大部分葡萄园坐落于同属加利福尼亚州的圣巴巴拉(Santa Barbara)。酒庄擅长运用罗纳河谷(Vallée du Rhône)品种,即红葡萄酒以西拉和歌海娜(Grenache)为主,白葡萄酒则以玛珊(Marsanne)、瑚珊(Roussanne)和维欧尼(Viognier)为主。有趣的是,酒庄每年酿造的酒款,不仅品种比例不同,连葡萄的来源也不固定,甚至酒名、酒标也年年改变,而且名字、酒标和酒瓶形状都很有个性。其中就职典礼西拉(Inaugural Syrah,干红)被著名葡萄酒漫画《神之水滴》列为十大使徒酒款中的第七位,酒款价格高昂。酒庄更有14款酒被罗伯特·帕克评为满分。

 猫叔有话说

美国酒标解读

美国的酒标由酒精、烟草税和贸易局(TTB)这个机构负责审核，受到标签法的辖制。美国酒的法律分为联邦法、州法两个层级。其中联邦层级有类似法国AOP体系的AVA法定产区划分，即American Viticulture Areas。AVA产区可能是一个州，一个郡，也可能跨州的某片土地，可以是任意大小，任意范围。

按照AVA的规定，酒标（见图3-12）上若标示年份，则95%的葡萄须来自这一年份，另外5%的额度大约是为了减少年份差异带来的影响；若标示AVA产区，则85%的果实须来自这个AVA法定产区；若标示品种，则至少75%的果实须是这一品种；若标示酒庄装瓶，则酒庄对酿酒所用的果实须拥有100%控制权，且酒庄必须位于AVA范围之内。此外酒的类型也会在酒标上具体说明，比如桃红酒或者起泡酒。由于装瓶者、生产者、种植者都可能各有不同，所以美国法律还规定，消费者必须能在葡萄酒酒标上找到装瓶者和他的地址，方便追溯。

图3-12　美国酒标

美国税收法律也是出名的复杂，葡萄酒如果含有14%以上酒精度税率就会不同，因此必须标注非常精确的酒精度，不过低于14%就没那么严格，可以标示为餐酒（Table Wine，指介于7%—14%酒精度的葡萄酒）。而葡萄酒酿造业常用的二氧化硫如果超过10个百万单位也必须在酒标上明确标出。需要特别指出的是，美国还有另一种特别的酒精度标示单位Proof，通常我们所说的酒精度1度相当于2个Proof。

　　美国的州法就比较五花八门。例如俄勒冈州要求葡萄酒在标注单一品种时须包含至少90%该葡萄品种，华盛顿州对此的要求则是85%。而加利福尼亚州和其他各州的最低要求仅为75%。

11. 安第斯山脉的奇迹

猫叔，看，雪山！

嗯，这是安第斯山脉(Andes)，山顶常年积雪。

这里也有葡萄园吗？

没错，在山的西边是智利，而山的东边则是阿根廷，南美洲两个最大的葡萄酒生产国。

不会太冷吗?

冷不怕, 关键要有阳光。
比如阿根廷的门多萨 (Mendoza),
平均海拔在1 000米左右,
但阳光充沛,
葡萄就很容易成熟。

所以门多萨
的葡萄酒酒精感
会很明显?

没错。而且因为海拔高,
所以酸度也高,
这样就让阿根廷的葡萄酒
个性十分鲜明。

那品种是不是
不太一样啊?

马尔贝克 (Malbec)
是阿根廷的国宝级品种,
当然也有赤霞珠、梅洛
等国际品种。

MALBEC

那山脉那头
的智利呢?

智利就更有趣了,
因为狭长的国土,
气候从北到南都不太一样,
但大部分葡萄酒产区属于
典型的地中海气候,
所以会非常干燥。

大西洋

巴西

阿根廷

沿海为何
还会干燥？

跟地中海一样，
这是一种气候特征，
而且海水不能灌溉。

那怎么办？

安第斯山上
的雪水！

真聪明啊！
雪水也可以？

这是就地取材，
尤其是那些山腰处
的葡萄园。

那酒的品质好吗？

相当好。你看那处葡萄园，
就是智利酒王
活灵魂（Almaviva）的园地，
这酒在国际上声名远播，
盲品中好几次打败
波尔多的一级名庄。

了解，山上太冷了，
咱换个地方吧。

真是开眼界！
品种呢？
跟阿根廷一样
有特殊品种吗？

说起来也有，
叫佳美娜，但它不如
马尔贝克那么出色。
他们高品质酒用
的还是赤霞珠、
梅洛这些波尔多品种。

① 海拔：指地面某个地点高出海平面的垂直距离。海拔对葡萄酒的影响很大，海拔每提升100米，年平均温度降低0.6℃，在很多炎热的产区，尤其是全球变暖的情况下，海拔在调节气温上的作用至关重要。

② 酒精感：指葡萄酒中的酒精在品鉴时带来的口腔灼烧感。酒精感是否凸显与葡萄酒酒精度的高低有关，酒款的风味、酸度、质感与酒精的平衡与否有关。一般认为，酒精度即便很高，品尝优质酒款时的口腔灼烧感也会较为内敛。

③ 地中海气候：这种气候特点为夏季炎热干燥、冬季温和多雨，是最适合葡萄生长的气候环境。一般分布在地中海沿岸地区，不过智利中部、澳大利亚西南部、美国加利福尼亚州等地都属于这一气候带。

 猫叔有话说

南美葡萄酒的巨大潜力

2019年，阿根廷的乌科山谷（Valle de Uco）朱卡迪酒庄（Zuccardi）被著名的全球投票学院评为世界最佳葡萄园，获得

1 500项提名。前十名中,来自南美洲的葡萄酒庄表现抢眼,其中有两家来自阿根廷,两家来自智利,另有一家来自乌拉圭,南美洲葡萄酒占据了前十名榜单的半壁江山。

安第斯山和洪堡寒流的影响使阿根廷和智利气候多变,形成众多微气候条件。葡萄园的海拔、土壤、山坡朝向、洋流等因素都为葡萄生长创造许多试验田,既有受到沙漠气候影响的干燥地带,也有雨水丰沛的冷凉产区。各种极端条件也迫使这两个产区必须不断尝试突破。比如智利就在利马里谷(Limarí)这个子产区寻找到石灰岩葡萄园,这种土质适合种植法国勃艮第和香槟的特色葡萄品种——黑皮诺。这一品种与智利近年来主推的波尔多红葡萄品种例如赤霞珠、梅洛、佳美娜以及罗纳河谷代表品种西拉等都颇有差别。而阿根廷在海拔上的优势在全世界无可比拟,北部的萨尔塔(Salta)产区位于安第斯山雨影区,干燥少雨,海拔介于1 600—3 000多米,有人将之比喻为干燥版云南迪庆(香格里拉),所以尽管阿根廷阳光炽热,但昼夜温差高达15℃甚至更多,葡萄依然能够在海拔的帮助下保持既有成熟度又有酸度的特质。阿根廷主要出产代表芳香白葡萄品种的特浓情(Torrontés),特别是里奥哈特浓情(Torrontés Riojano)这个子品种。

12. 奔富成功的秘密

猫叔,
这地方热啊……

澳大利亚凉快
的地方不多,
一会到山上就
会好点。

因为海拔
降低温度吗?

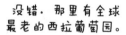

没错. 那里有全球
最老的西拉葡萄园。

优秀! 躲过了
根瘤蚜虫病吗?

这里就没发生
过根瘤蚜虫病!

有多老啊?

最老的超过150年!

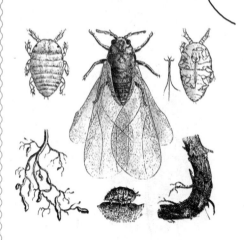

所以这里的
葡萄酒很浓郁？

说的没错，
一是天气热，二是藤龄老，
所以浓郁无比。

这是为何？
肆虐全球却
躲开了这里？

因为严格的检验
检疫制度，
不像智利因为
天然的
沙土环境而
幸免于难。

你知道什么
澳大利亚酒庄？

我只听说过奔富(Penfolds)！

正前方，
就是奔富的老藤葡萄园，
专门用来酿造
他们顶级的
葛兰许(Grange)葡萄酒

那他们家
其他的酒呢？
葡萄园在哪？

不一定，
没有标注产地的可以
向全澳大利亚收购葡萄，
标注南澳的就表明
葡萄来自南澳。

奔富为什么在
中国这么火啊？

125

"Penfolds" 这个中文
翻译是神来之笔，
酒标的大红色也很讨喜。
当然，
从Penfolds医生创建之初，
品质稳定是它成功的关键。

它那个酒标上有
407、389、128，
这些啥意思啊？

不同的酒窖
编号而已。

原来如此！
还以为是独家
配方号码呢。

澳大利亚不止有奔富，
还有很多优秀的酒庄，
咱们去看看。

① 沙土：是指由80%以上的沙和20%以下的黏土组成的混合型土壤。沙土土质疏松，透水性好，但持水能力差。沙土里的有机质含量较少，养分贫瘠。对于葡萄种植来说，沙土有一个其他土壤无法比拟的特性：可以抵御根瘤蚜虫的侵袭，因此在沙土比例极高的智利，根瘤蚜虫是一种可以被天然抵御的病虫害。

② 标注产地：世界上绝大多数葡萄酒生产国都制定了相应的法律法规来对产地的标注加以规范，比如欧盟的PGI（地理标识）和PDO（原产地保护）制度。一般情况下，产地标注得越详细，葡萄酒的质量就越高，如标注"Vin de France"（产自法国）的酒意味着葡萄来源可以是整个法国，所以在大多数情况下，质量会低于在酒标上标注"Bordeaux"（产自波尔多）的葡萄酒，当然也有例外情况。

③ 老藤：一般用来指代那些树龄在40年以上的葡萄树。老藤葡萄的优点是果香浓郁，葡萄质量高，但缺点是产量极低。因此葡萄园会根据自己的实际情况来拔除或保留一定数量的老藤葡萄树。19世纪下半叶爆发的根瘤蚜虫病侵袭了世界范围内的葡萄园，绝大多数葡萄树未能幸免于难，许多葡萄老藤被拔除，因此在全球范围内能大面积保留下来的老藤葡萄园十分稀少，比较著名的产地有澳大利亚巴罗萨、西班牙普里奥拉托等地。

奔 富 传 奇

奔富是澳大利亚最知名的酒庄，以品质稳定著称。酒庄由英国后裔奔富博士（Dr. Christopher Rawson Penfold）于1844年建立，旗下拥有许多葡萄园地，遍布巴罗萨谷（Barossa Valley）、阿德莱德山（Adelaide Hills）、麦克拉伦谷（McLaren Vale）、库纳瓦拉（Coonawarra）、伊顿谷（Eden Valley）和塔斯马尼亚（Tasmania）等知名产区。其中位于巴罗萨谷的寇兰山（Koonunga Hill）、卡琳娜（Kalimna）和玛吉儿（Magill Estate）等园地出品的酒款在全球范围内广受欢迎。玛吉儿园更是酒庄的精神之家，是酒庄历史上第一个园地，100%种植西拉葡萄，其中最优异的年份会被用于酿造酒庄顶级的出品——葛兰许（Grange）。而酒庄的中端市场霸主"Bin 389"赤霞珠西拉干红会使用巴罗萨谷和麦克拉伦谷的葡萄，包括赤霞珠和西拉。而目前市场大热的"Bin707"赤霞珠干红则调配了来自巴罗萨谷、阿德莱德山和库纳瓦拉的果实。

在较凉爽的阿德莱德山、伊顿谷、维多利亚和塔斯马尼亚产区，则有雅塔娜（Yattarna）和"Bin51"等白葡萄酒出品，品种包括霞多丽和雷司令等。

除了干型葡萄酒，奔富酒庄还出品类似葡萄牙波特酒的加强型酒款，其中不乏多年陈酿的优质老酒。近年来，奔富酒庄也不断推陈出新，针对不同市场推出具有当地特色的产品，是成功运营葡萄酒市场的典范之一。在中国，他们就曾推出与汾酒合作的"Lot. 518"（特瓶518）加强酒，做法是先对加烈的西拉葡萄酒进行陈酿，然后加入中国白酒，可谓一种大胆的创新。

13. 一位工程师酿出的世界珍酿

对啊，从事高科技行业的罗曼·布拉塔历克(Roman Bratasuik)。

酿的啥酒，好喝吗？

克拉伦顿山酒庄的星光园(Clarendon Hills' Astralis)，我最爱的澳大利亚酒之一。

为啥工程师能酿出好酒来？

告诉你个小秘密，要遵循酿酒三要素。

三要素？

老藤，量少，新木桶。

这就行了？

131

至少在20世纪90年代是如此。
罗曼是个狂热的葡萄酒爱好者，
深知酿好酒的三要素。

呃……
你给说说？

1994年，他在麦克拉伦谷
（McLaren Vale）找到许多70-80年
老藤西拉，酿出了星光园。

有酒评家
给高分吗？

酒评家都
是文学家。

你还没说这酒
有啥特色呢……

自然，单一园，
法国新橡木桶，体现了
酿酒师个人的鲜明风格。

最后问个最关键的问题：
这酒多少钱？

3 000左右。

① 单一园：指酿造某一酒款的葡萄均来自同一片葡萄园，不采用与其他地块的葡萄进行混酿的方式。其目的是为了更准确地表达该葡萄园的风土特征，往往也喻示了更高的质量。

② 麦克拉伦谷：澳大利亚著名的优质葡萄酒产区，位于阿德莱德（Adelaide）市区以南35千米。该产区有着许多未受根瘤蚜虫侵袭的老藤葡萄树，出产风格浓郁饱满、强劲有力的葡萄酒，平均质量非常高。

③ 法国新橡木桶：法国产橡木桶的统称，具体还可以不同的森林和质地来进行区分。法国新橡木桶的作用是可以用来作为白葡萄酒的发酵容器，或者红白葡萄酒的熟化容器。采用法国新橡木桶熟化的葡萄酒可以增添香草、丁香、烟熏、烘烤的香气，也会增加一些单宁。而另一主流橡木桶是美国橡木桶，会带给葡萄酒椰子、香草、可可豆等更甜美的香气。但橡木桶在使用数次之后即为旧桶其可赋予酒液的香气就大大减弱，仅能作为容器使用。因此使用新橡木桶的代价比较高昂。

猫叔有话说

一位工程师酿出的世界珍酿

克拉伦顿山酒庄是一家颇为年轻的酒庄，1990年由乌克兰后裔罗曼·布拉塔西克建于南澳产区的麦克拉伦谷，是澳大利亚最早出品单一园酒款的酒庄之一。由于庄主酷爱法国酒，因此酒庄种植的葡萄也只有法国品种，包括赤霞珠、西拉、歌海娜和梅洛等。对法国的热爱，还体现在使用的橡木桶中，南澳当年偏爱美国橡木桶，庄主却坚持使用法国桶，一般认为，法国桶会使酒更细腻精致。

酒庄拥有许多珍贵的百年老藤，在葡萄酒世界中，老藤通常代表了它的果实少而精，风味浓郁，果粒更小使得果皮相对果肉的比例更高因此果皮带来的香气就会更为丰富，常常能带来令人惊喜的优质酒款。而澳大利亚对于老藤的定义相比其他国家要更为严苛细致，因此对于酒庄而言老藤是非常得天独厚的资源。葡萄园采行灌木式的栽种法所以只能进行人工采摘，不过这种种植方法使葡萄树也不太需要人工灌溉。之后，果实采用开放式的发酵槽，仅用天然酵母发酵，然后经过18个月橡木桶陈酿，不再经过过滤和澄清，就以手工装瓶。

星光园是酒庄的顶级旗舰酒款，被标识为一等特级园，有点类似法国波尔多的分级体系。酒标是南半球最著名的星座南十字星。酒款使用1920年代种下的老藤葡萄酿造，由于老藤的产量非常有限，因此这款酒每年大约只有500箱的产量。曾获世界著名酒评家罗伯特·帕克满分评价，是澳大利亚优质西拉的代表酒款之一。

14. 澳大利亚最牛黑比诺，不接受反驳

……我比较想听你
最爱哪个酒庄，
不会是奔富吧？

猫叔，听说你上周
讲了一堂澳大利亚
葡萄酒课？

对，你没来
偷听？

呃……奔富自然是个伟大的
酒庄，但我最喜欢的却是
贝思·菲利普酒庄(Bass Phillip)！

BASS PHILLIP

Pinot Noir

在巴罗萨山谷还是雅拉河谷(Yarra Valley)?

不不不，在吉普斯兰的利昂加萨(Gippsland's Leongatha)

这是个啥酒庄?

这是一个把黑皮诺酿到极致的澳大利亚酒庄!

维多利亚州，墨尔本附近，天气凉爽的地儿。

没听过哎，在哪?

把Bass Phillip评为世界最佳的黑皮诺绝对是没有任何错误的!

这酒庄为啥这么牛啊，你这么喜欢?

这么说吧，创始人菲利普·琼斯(Phillip Jones)老爷子坚持不使用任何农药，坚持道法自然。

这就行了?

看来我要多囤点
Bass Philip的酒，
以免今后买不起！

他还有个伟大的老师：
勃艮第酒神亨利·贾伊(Henri Jayer)！

正解！现在已经
有酒评家杰里米·奥利弗(Jeremy Oliver)
说喝他的酒能想起罗曼尼康帝酒庄。

我的天，他喝了
很多HJ的酒吗？

那时候HJ的酒还
没今天这么贵……

上哪偷去呢……

① 黑皮诺：著名的红葡萄品种，原产于法国勃艮第，因为其优雅但比较难种植的特性，被誉为贵族品种。在世界许多地方都有种植，特点是果皮薄、粒大、香气优雅、风格多变，颇受酿造者和消费者喜爱。但因为其对气候与土壤极其敏感，因此常常能准确地反映某一地块的风土特征和微气候，而且基因也非常容易发生变异。

② 巴罗萨谷：澳大利亚最重要的优质酒产区之一，位于南澳州北部。巴罗萨谷最重要的品种有西拉也称为设拉子（Shiraz）、赤霞珠、梅洛、霞多丽、赛美容（Sémillon）等，这里集中了大量著名酒庄，包括奔富、托布雷酒庄（Torbreck）和御兰堡酒庄（Yalumba）等。由于严格的检验检疫管理，这里依然保留了大量未受根瘤蚜虫病侵袭的老藤，在世界葡萄酒版图中占据重要地位。

③ 雅拉河谷：澳大利亚著名的优质葡萄酒产区，由于海拔较高，气候相对凉爽，因此非常适合种植喜凉的黑皮诺、霞多丽等品种，著名的酒庄有优伶酒庄（Yering Station）和德保利酒庄（De Bortoli）等。

猫叔有话说

螺旋盖那点事儿

很多人觉得螺旋盖不够高端,像饮料瓶盖。大酒厂例如财大气粗的奔富还会同一款酒出两种酒塞的版本———一个软木塞款,一个螺旋盖款,前者价更高一些。这主要是为了满足广大群主对软木塞根深蒂固的执念。其实,软木塞不但会发生诸如TCA污染这种不开瓶无法发现的致命伤,导致整瓶酒报废,开瓶以后的保存措施也比螺旋盖麻烦不少。只不过,它那唯一的优点,使酒与氧气的接触温柔而缓慢这点,螺旋盖确实比不了。一开始螺旋盖的出现是由于新世界国家比如澳大利亚、新西兰总是不得不用旧世界酿酒国挑剩下的软木塞,品质无保证。造成这种情况的原因是软木塞全球产量的一半都在葡萄牙,近水楼台原则当然先供给旧世界葡萄酒生产国。因此求生欲旺盛的新世界酒庄们只好自求出路,转而青睐螺旋盖。在技术还不够发达的时候,螺旋盖内的垫圈有时会出现发霉等缺陷,但如今随着科技进步,这种缺陷已不常发生。因此,这种除了有可能让酒自带的还原味继续保留,又没有什么其他缺点的选择,已经在新世界国家颇为普及。还原味可表现出类似燧石、矿物质和枪火的特征,但过度还原会产生些许臭鸡蛋的味道。其实还原味可以通过用杯子醒酒达到改善的效果,从而使得人们对酒是否要接触氧气有了主动选择权,何乐而不为?

第 4 章

实践篇

1. 盲品葡萄酒

飞机从澳大利亚到"魔都"。

终于回来了，
我的中国胃受不了。

走了这么多
葡萄酒产区，
今天要考考你。

怎么考？
让我做题吗？

不，让你盲品。

这个……太难了吧？

不，一点都不难。
来，试试这个。

嗯……好紧张！

记住我教给你
的三部曲，
先看，再闻，
然后喝。

143

哇，颜色好深！
有香草味儿，
过了橡木桶吧？

继续！

有橡木桶的
香草奶油，
感觉像冰淇淋，
还有烘烤味，
还有黑色水果味，
还有黑巧克力味，
还有……胡椒味。

哇，好多单宁，　尝尝看！
感觉好肥美，
听你说过，
有胡椒味很有可能是西拉，
而且这么肥美，
应该是澳大利亚巴罗萨西拉？！

基本正确！
如果质量再高一点，
你就可以猜巴罗萨西拉了。

怎么猜
质量啊？

之前跟你说过，
看是否平衡，
香气是否丰富，
关键是看回味是不是长。

哦哦，明白了！

145

① 酸的判断：葡萄酒的酸度是苹果酸、乳酸、酒石酸和单宁酸等各种酸的统称，感受酸度最为直观的方式就是在品鉴一款葡萄酒时，看口腔中唾液的分泌速度与分泌量，唾液分泌越快越多，说明酸度越高，反之则越低。

② 平衡：一款酒的平衡分为很多个维度，比如酸度与酒精之间的平衡、单宁与酸度之间的平衡、酸度与甜度之间的平衡、果香与陈年香气之间的平衡、酒体与结构之间的平衡等，不能简单地描述一款酒很平衡。

③ 回味：也称之为余味。一款酒的余味是对酒质量判断的最关键的参考因素，是指让人愉悦的果香、橡木香、陈年香等，香气在口中停留得越久，说明酒的质量越高。

 猫叔有话说

盲 品 要 领

盲品，听似玄幻难解，实则有例可循，是有技巧的。常见的品种可以分成以下几个组别。

（1）青味组合。

赤霞珠往往会带有青椒的味道，同时颜色深，单宁重，酸度高；品丽珠的青椒味更明显，颜色却比赤霞珠要淡，酸度也略低；梅洛时而有青味时而没有，难以捉摸，颜色和酸度都比较中庸。

（2）芳香组合。

雷司令年轻时花香馥郁，陈年雷司令却有汽油味，酸度高，颜色随陈年会越来越黄；琼瑶浆的荔枝味很关键，酸度常规而言总是很低，颜色深，酒体便丰腴；长相思的青草味很关键，有些产区的百香果味也会很明显，酸度偏高，颜色很浅；麝香葡萄有许多子品种，葡萄味浓郁，酸度不高，颜色也偏中等深度；维欧尼香气不会特别馥郁，杏子和山茶花味是重点，酸度中庸，颜色有点深。

（3）其他常见红葡萄。

黑皮诺的标志是红色水果味，常伴随皮毛气息，酸度中等，颜色在红葡萄酒中属于相当浅；西拉的香料味是特色，尤其是胡椒味，黑色果味为主，酸度中等，颜色很深；丹魄常与浓重的橡木风味为伍，以红色果味为主，中高酸度，颜色有浅有深；桑娇维塞常伴有铁锈味，酸度偏高，颜色有浅有深；内比奥洛有明显的沥青与干燥玫瑰花味，酸度非常高，颜色却很浅。

2. 点酒有学问

走了那么多产区，
喝了那么多好酒，
还不会点酒？

猫叔，明天要
请妹子去餐厅吃饭……
不会点酒咋办？

这一路你都没教啊，赶紧说，
别啰嗦！

中餐好办，
香槟很百搭。

好吧……为啥
香槟是百搭？

因为中餐多油……
香槟有高酸能解油腻，
还有气泡可以hold住辣味。

白的我喝得少，
红葡萄酒这么多，怎么点？
看价格点酒会很low，
不能让妹子瞧低了……

嗯……你可以这么说：
法国喝得太多了没新鲜感，
意大利酸度太高
怕你不适应，
咱喝点儿西班牙的？

那她不喝
香槟呢？

那就记住一条，
白葡萄酒配油腻菜，
红葡萄酒配咸的菜……

为啥这么说？

因为这样,
你就很有格调地避开了
有可能比较贵的产区,
西班牙酒还是旧世界的,
听上去比较古典有气质!

那如果她非要
喝法国酒呢,名气大的……

那也简单,
你可以这么说:
勃艮第很难挑到好的
生产者,
波尔多太雄壮,
喝点罗纳河谷
的西拉吧,
好喝又性感!

可我记得那里
也有贵的酒啊……

你小子请妹子吃饭还
这么抠门儿……那你就说,
最近有个产区特别火,
产量低品质高,
比较小众,
叫科纳(Cornas),
要不要试试?

记不住咋办?

发微信问我……

① 葡萄酒的酸度：指葡萄酒里各种酸度的总和，一般指苹果酸、乳酸、酒石酸和单宁酸。许多葡萄酒会经过苹果酸乳酸发酵，将比较尖锐的苹果酸转化为比较柔和的乳酸。影响酸度的因素有葡萄出产地的气候、海拔以及葡萄品种本身等。

② 勃艮第：法国著名的葡萄酒产地，位于法国东部。这里以对土地的精确研究而闻名于世，葡萄园土地的等级划分堪称全世界之最。黑皮诺、霞多丽（Chardonnay）为这里最著名的葡萄品种，著名的酒庄和酒商有：罗曼尼康帝（Domaine de la Romanée-Conti）、乐桦（Domaine Leroy）、路易亚都（Maison Louis Jadot）等。

③ 罗纳河谷：法国著名葡萄酒产地，位于法国东南部，分为北罗纳河谷和南罗纳河谷。北罗纳河谷以生产高质量葡萄酒闻名，并且多使用单一品种酿造，这里的红白葡萄品种分别为西拉和维欧尼。南罗纳河谷以酿造多品种混酿出名，主要葡萄品种为西拉、歌海娜、佳丽酿（Carignan）等。

④ 西拉：是著名的红葡萄酒品种，发源地为法国罗纳河谷，因为有良好的适应能力，在全球都有种植。著名的高质量产区为法国北罗纳河谷、澳大利亚巴罗萨谷。

⑤ 科纳：法国北罗纳河谷子产区，以生产高质量并且有高性价比的单一品种西拉红葡萄酒闻名。

餐酒搭配的百搭原则

餐酒搭配最高原则是饮酒人的个人喜好。任何建立在喜好之外的科学搭配,都是无谓的教条。

在考虑个人偏好的基础上,再确认酒和餐是否有一方的风味特别突出,如果有,那就好比不合适不平衡的婚姻,都知琴瑟和鸣、水乳交融方能长久和谐,配餐亦然。酒在具有自身特色的同时不能喧宾夺主,也要适当提升餐点的味道,才能带来愉快的用餐品酒体验。

首先酒的酸度很重要,是支撑酒体的要素,可以搭配很多高油脂、高脂肪或口感很丰富的菜式,还能降低咸味和辣味所带来的刺激感。即便是甜酒,若酸度较高,也可以起到解腻的功效。不过甜酒是配餐中很需要技巧的一个选择,原因是甜味容易覆盖食物本身的味道,特别是那些清淡精致的菜式。所以需要特别慎重和小心。

另一个需要选择技巧的是单宁量大、橡木桶味较重的酒款。虽然红酒配红肉的原则深入人心,但并不适合辣味红肉,否则会使口感特别艰涩,单宁感特别明显。此外,如果酒精度还比较高,酒体因此很丰腴的话,就更应避免川菜、湘菜这样以辣闻名的菜系,甚至也不能与口味较淡的清爽菜肴和精致料理相佐,避免形成不平衡的搭配。

最后再说经过熟化的葡萄酒。只有少部分高品质的酒款才能保持一定的酸度，并在岁月洗礼下形成精致细腻的单宁口感。一般而言，人们不会将这些酒来搭配普通的菜肴，更常见于高级餐厅或者比较精致的美味料理。这样搭配并不仅仅因为两者门当户对，而是因为高品质老酒的精致程度确实可以匹配口感细致的高级料理，这样的老酒绝不会出现喧宾夺主的情况，并且细致的食物风味也不会盖过老酒本身的复杂层次，两者可谓旗鼓相当，强强联合必然会使就餐体验更上一个层次。

3. 一口闷出葡萄酒价格

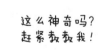

好吧，教给你个小诀窍，
你先含一口在嘴里，
让酒跟口腔充分接触，
大概十来秒吧……

然后呢？

然后咽下去啊……

然后呢？

然后屏气凝神的
感受口中的留香，
术语就叫余味。

嗯？

余味1秒就100，
2秒就200，
3秒300
……

真的假的？这么简单？

好像是哦，2秒……
真神了！

不过这只是个大原则，
不适用每一款酒。

啥意思呢？

还要考虑市场需求因素啊，
比如罗曼尼康帝（Romanée-Conti）
130 000元/瓶，
难道余味1300秒？

哎……
又跑去女朋友那里显摆去了……

① 余味：葡萄酒的香气与风味在口腔中的持久度。以此来判断葡萄酒的浓郁程度，一般来说，余味越长，质量越高。

② 罗曼尼康帝：法国勃艮第著名酒庄，位于勃艮第北部夜丘的沃恩–罗曼尼村（Vosne-Romanée），拥有独占园罗曼尼康帝，以黑皮诺酿制的红葡萄酒闻名，多年来平均价格位居全球第一。另外，该酒庄旗下还拥有著名的踏雪（La Tâche）、依瑟索（Échezeaux）、蒙哈榭（Montrachet）等园地出品的酒款。

猫叔有话说

酒杯会直接影响品酒体验，这件事是真的

想要一口闷出葡萄酒的价值，可能酒杯也是需要考虑的因素。首先，杯子不能有味儿。任何气味都会影响酒的品鉴体验。其次，合理的杯身比例（杯肚和杯口）也很要紧。

葡萄酒在装瓶以后，要让它在杯中延续生命，就要允许它呼吸。不过氧气多了少了都不好，所以适当的杯肚决定了酒液在杯中的氧化速度，杯口则决定了香气的聚拢程度，杯肚到杯口之间的曲线决定了香气的走势。逻辑上讲，这个曲线弧度越圆润流畅，越利于缓慢流动，但也有一些例外。

专业的酒杯，分为三大门派。第一类是以ISO标准品鉴杯为代表的一杯流，对所有的酒都一视同仁，但在辨识高品质酒的细微差别时可能有些捉襟见肘。ISO杯的进阶版是以手工吹制为卖点的名牌酒杯普及款，就是适合很多类型的酒，酒杯杯壁精致纤薄，具有名牌酒杯特有的标志性线条感。有消息称现在已经有些酒杯品牌能够以机器制造出类似的效果，可谓是科技的一大进步，也许不久的将来就能以更普及的价格享受更精致的产品。

第二类是针对品种和产区特别设计的酒杯，会根据某种酒的特点调整杯肚的形状、高度和线条走向，杯壁的厚薄和杯口的大小，以求最大程度凸显酒的特色和优点。一些著名品牌都开发了不同类型和价位的系列来适应市场的这部分精确需求。

最后一类是以限量、华丽和真水晶为标志的奢侈品牌，通常因为超强的审美价值和设计感使得售价不菲，除了精品店，这些酒杯也常常出现在拍卖会和中古餐具市场，即便几经转手，只要品相良好照样可以保值，是收藏和馈赠的佳品。